年轮

中国年轮

从 立春 到 大寒

三耳秀才 著

韩以晨 书画

宁波出版社

自序

中国年轮——
总是让时光行走在圆满的路上

让我斩钉截铁放豪言,这本《中国年轮》,标志一个文化符号——"中国年轮"的诞生,我可有些不大敢。但是,我可以自信地说:对于你我,《中国年轮》这本书是一个及时、有力的提醒。

这本书,我试图以新鲜的书名以及丰富别致的内容,明确提示生活在当下的人们:咱们大中国,拥有顺天应人的二十四节气,拥有二十四节气串联起来的人生作息规律,甚至可以说,拥有中国历史行进的独特意象。回溯传统是为了当下更好地生活,重新打量节气文化,现代都市人的感觉,一定是既熟悉又亲切。叠加感觉,提升意象,何以概之,何以名之?我用了好几年的光阴和三本书的厚度,试而言之曰:中国年轮。

是的,是的,我就是想提醒我们:用节气的"长度"来丈量我们的光阴;用节气的"厚度"来提升我们生活的品质。

机缘,来自我的一次感悟。"算起来,大约是2008年的某一天,在纸上不时耕耘着的我,忽然感悟到:在年去年来的时序中,天气——准确地说,是一年中天气的变化趋势——

二

对我们的影响太大了，原来，这是岁月的关键，是岁月的决定力量；原来，头顶上总在转动的太阳，是我们的神哟。进而，仿佛使命在身，不可推脱，我找到了一个倾诉的对象，我找到了一个安神的领域，在此，我要有所作为：那日历上标明的二十四个节气是生机勃勃的，我要传达'老天'身上的那份带着中国印迹的'旨意'。当然，这种要有所作为的意向是渐次形成的。大约在2009年的冬季，我开始了有比较明确意识的节气写作。略作尝试后，主动担当的意识更明了，计划全面投入实施。"——这是我写在《跟着太阳走一年》后记里的文字。

本来想"走一年"就不"玩"节气了。可是，碰到顺手的题材，写起来也会上瘾。在《跟着太阳走一年》出版发行后，我察觉到了不足，于是，有了"小步走""走一年"以及《中国年轮》合为一体的系列构想。自然，这时，江南节气随笔《跟着太阳走一年》（跟摄影合作）是过去完成时，"小步走"（跟漫画合作）、《中国年轮》（跟国画合作）是现在进行时。而当这本新书到你手里时，便是现在完成时了。

《跟着节气小步走》，我是为儿童写的。自然，我的笔，努力触摸的是儿童的天真。效果如何？这里只引前些时的一条微信，借"人以群分"来旁证"童心未泯"：我的内心住着一个小孩子，别人不知道，甚至我自己也不明了，可是，在今晚婚礼现场，一个小小小女孩一下子扑到我面前，伸手要跟我玩石头剪子布。三比零，我赢了。哈哈！游戏结束后，我才知道，我心里一直有一个爱闹腾的小小少年。

《中国年轮》，我是为成人写的。从传统节气对现代生活、对现代都市人的影响出发，不离生活，不离你我，不离传统，以文化的角度、历史的高度来阐释节气的核心文化内涵以及对当下生活的渗透和意义——我玩的是深沉。天真之后、长大了的人们，自然应该沉稳起来。

　　细数《中国年轮》，除了文字，还有节气画系列——这是海派画家韩以晨的精心之作。节气画，单是翻完二十四张大画，就如同从立春到大寒走过一年似的。自然，这一翻，你对文字的期待就有了。画不掩文，文不掩画，图文丰茂，四季牧歌，艺术领域内的加法，常常会滋生乘法的效果吧。

　　笔随节气走，心生小感慨：我们知道，节气文化，作为一个整体，早就生生不息着，可是，从美誉度来看，中国节气文化尚有巨大的提升空间。在基本完成文稿的某个瞬间，一个新词突然从我的脑海冒了出来，这便是——"中国年轮"。这样，这本新书的书名就有了。进而，我觉得，我的节气书系列也可以用"中国年轮"这个新词来统括了。进而，拿"中国年轮"来给中国传统的节气文化作标识，不是也挺好吗？简洁生动，大气豪迈！

　　标新，标的新不怪异。"中国年轮"，我标示的这个文化符号——把话说大一点，这个鲜明生动的中国文化大符号，你说，算数吗？

　　算数吧！

　　岁月更替，"中国年轮"循环，一圈两圈三四圈……就是这样，中国节气，总是让时光行走在圆满的路上。

　　太阳照顾中国，众生谦卑生活。让我们在一轮又一轮节气的旋律中感受传统的现实魅力！

三耳秀才

2015 年 4 月 28 日草于五更涵

2017 年 6 月 28 日再改定稿

他序

此是吾家事
——序韩以晨、韩光智节气画、节气文章合璧

"忠厚传家久,诗书继世长。"解读名联,"忠厚""诗书"对举,从中我们可以领悟到价值观的基本要求:一位智者、一个家庭、一个家族,须对"孟浪""轻浮"保持警惕。也许是警惕得太久了,中国人常常忽视了诗书之家一以贯之的文化优越感:占有,拥有,享有。展开来说,便是无私地占有,幸福地拥有,骄傲地享有。有才,才使人不同,于是,自足,于是,得意,皆合情理,甚至,摆点谱,任点性,骄点傲,也未尝不可。极而言之,对诗才、诗书的骄傲,原本就是读书世家的"家传"和"秘籍"。

拿诗圣说事吧!某年秋天,杜甫开酒席,吃酒不忘课子,提笔写就《宗武生日》,其中有句云:"诗是吾家事,人传世上情。熟精文选理,休觅彩衣轻。"全诗不必细解,单一句"诗是吾家事",语已惊人。看似平淡,其实,底气丰厚,气势冲天。用现代话来说,便是,小子,写诗这活,可是我们杜家的事。——在我看来,搞艺术的,不管是古代还是当下,除了要"忠厚",不是更要那股舍我其谁的担当和气概吗?!

六

正因如此,看了侄子韩以晨画就的二十四节气系列画作,还有我们韩家另一位后生(笔名"三耳秀才")写就的《中国年轮》,我不禁想起杜甫"诗是吾家事"这句豪迈之词来。

我们韩家,我这一代,有十兄妹,奇。更可称奇的,我们兄弟五人——大哥韩澄、二哥韩敏、三哥韩山、四哥韩伍以及我老五韩硕,皆以画为业,且各有所成,此皆拜家父韩小梅亲教之功也。到了第三代,众多韩家子弟中,老大韩澄之子韩以晨,在世间一番闯荡后,不顾他务,专事丹青,延续了我们韩家耽于翰墨的做派。

专事丹青,也有不同的途径。侄儿韩以晨,走的是书画江湖。不在书画体制内,不拿工资,单靠一枝画笔吃饭。这一点,他比我们这一辈强。让我们更感欣慰的是,他的作品,在继承家学的基础上,不断探索,除了技艺,还有题材。以二十四节气为题材进行国画创作,当然不是新题材,但是构成一个系列,却也难说是旧的。前后勾连,意气贯通,其中的良苦用心,可在一笔一笔的线条之中,窥探一二的。完整浏览侄儿韩以晨绘就的二十四节气系列画作,我不禁自语道:画是吾家事。

《中国年轮》是丹青和文章在节气贯通下的合璧。这种合作,当然有机缘。侄儿韩以晨和韩家后生韩光智如何相识进而在艺术上进行合作,我并不太清楚,如今看到成果,我在欣慰之余,特别留意看了光智的文章,别的不说,"文以气为主",把单个节气串联成有机统一的文化整体并以"中国年轮"名之,前面缀以一个系列的颂神曲,足以见其匠心独运。面对书画合璧的《中国年轮》,我不得不说:此,是吾家事。

他们自豪,我也自豪。

是为序。

2016 年 6 月 6 日
韩硕写于上海

韩硕,1945年出生,浙江杭州人。现为上海中国画院艺术委员会主任、一级美术师,中国美术家协会理事,享受国务院政府特殊津贴。其作品极富抒情性特征,笔下的历史人物灵秀温润,又极具时代感,被视为新范式。2000年,中国画《热血》荣获第九届全国美术作品展金奖。出版有《韩硕画集》《上海中国画院画家作品丛书·韩硕》等。

目录

一 自序
中国年轮——总是让时光行走在圆满的路上

五 他序
此是吾家事——序韩以晨、韩光智节气画、节气文章合璧

一 颂神曲

春季

三一 立春：一元复始 天地泛春
四一 雨水：春天有春天的麻烦
五一 惊蛰：接地气，惊蛰矣
五七 春分：恰如其分
六五 清明：人间清明
七三 谷雨：布谷催耕

夏季

八五 立夏：立正，向右看齐！
九三 小满：现实已小满，小麦已小满
一〇一 芒种：种稻得道
一〇九 夏至：青梅煮酒
一一七 小暑：花儿绽放
一二五 大暑：观荷听蝉

秋季

一三七 立秋：悄然入秋，悄然发呆
一四三 处暑：寒来暑往，秋老虎或出没
一五一 白露：白日吹凉晚上露
一五七 秋分：官方的秋分，民间的中秋
一六五 寒露：风光无限眼前菊，小碟酱醋品蟹黄
一七三 霜降：打霜、霜打以及落叶

冬季

一八五 立冬：别开生面，大道至简
一九三 小雪：南方的雪，轻盈的雪
二〇一 大雪：北方的雪，厚重的雪
二一一 冬至：古意盎然的祭祀，热气腾腾的饺子
二二三 小寒：消寒就是盼春
二三一 大寒：乾坤未济向新年

二三九 后记 请站在最高处，把节运气

【日神颂】　啊！太阳！

【月神颂】　援笔写赋，焚香祭月

【春神颂】　致敬　致歉

【夏神颂】　来一次通神

【秋神颂】　莳收之府桃花源

【冬神颂】　佛之前，你是佛

日神颂

颂神曲之一

啊！太阳！

宇宙从哪里来？宇宙是什么？宇宙到哪里去？

我们从哪里来？我们是什么？我们到哪里去？

站在高山，如果有可能，站在北京天坛的祭台上，仰望，以敬畏的姿态，歌颂太阳！

天地玄黄，宇宙洪荒。日月盈昃，辰宿列张。
寒来暑往，秋收冬藏。闰余成岁，律吕调阳。
闰余成岁，律吕调阳。寒来暑往，秋收冬藏。
日月盈昃，辰宿列张。天地玄黄，宇宙洪荒。
天地玄黄，宇宙洪荒……

"前不见古人，后不见来者。念天地之悠悠。"细思量"前不见""后不见"，其实，诗人早已通过想象穿越了古今，这里，让我们朗诵一首三闾大夫屈原的诗篇，以表达众生对太阳无上的敬仰：

吉日兮辰良，穆将愉兮上皇；抚长剑兮玉珥，璆锵鸣兮琳琅。
瑶席兮玉瑱，盍将把兮琼芳；蕙肴蒸兮兰藉，奠桂酒兮椒浆。
扬枹兮拊鼓，疏缓节兮安歌，陈竽瑟兮浩倡。
灵偃蹇兮姣服，芳菲菲兮满堂；五音纷兮繁会，君欣欣兮乐康。

（《九歌·东皇太一》）

光阴荏苒，岁月匆匆。如今，人们还有屈原那样的情怀、还有对太阳的无上敬仰吗？

因未知而神秘，因神秘而生敬畏，于是有了神。可是，科学不断发展，了解不断加深，神灵不断去魅，于是，不少神灵不再是神不

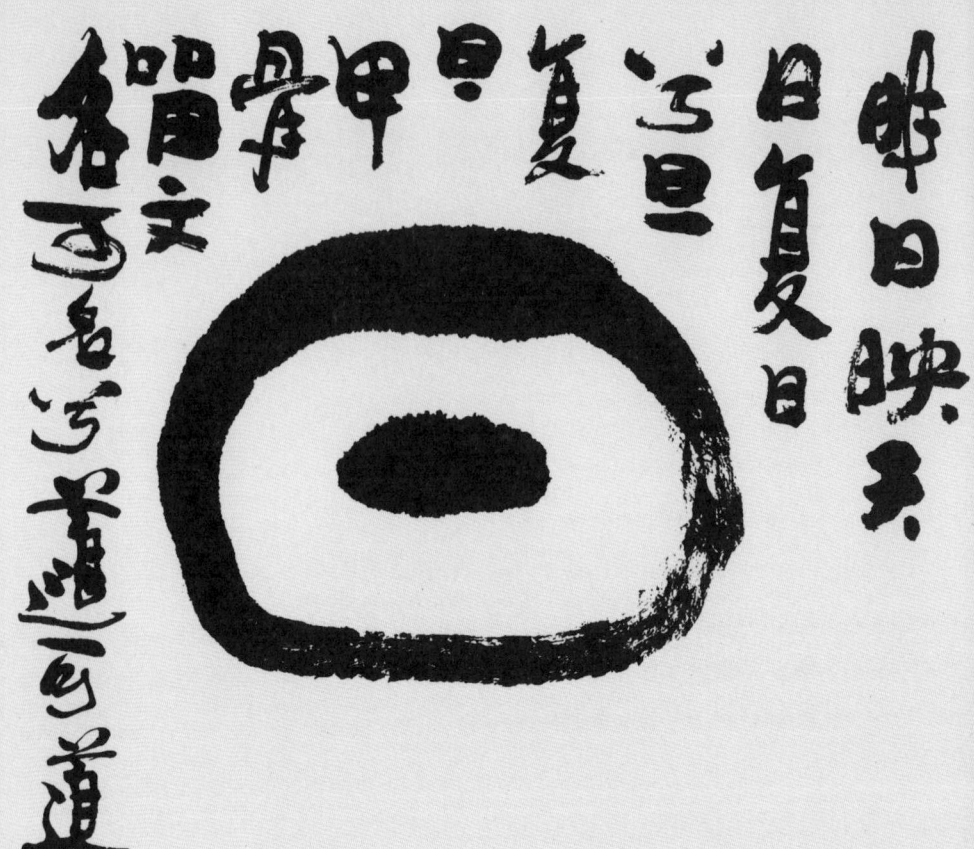

再显灵,直至渐渐在凡间消失。可是,太阳不同,太阳对中国人来说,全然不同于此。因为,中国人一直需要一个太阳,中国人也一直需要一个太阳神。

太阳呀!你是太——阳。中国文化立于阴阳两元素之上,在这阴阳激荡互相转化的二元世界中,中国人先天便有崇阳的鲜明倾向。呼太阳为太阳。何意?太,极也,到了顶,至高无上,无以复加。

太阳呀!你是地球的光明使者。给我光,于是便有光,地球便有了生机,有了人类。在漫长的演进历程中,仅仅把太阳视为射向地球的一束光,不是太简单化了吗?!中国先哲说,世不生孔子,万古如长夜。说的是孔子的重要性。细究一下,背景更宏大——潜台词是:太阳是天生的光明,是天大的光明。

太阳呀!你是最大的能量源。为有源头活水来,对地球上的人来说,被乌云遮还是没遮,太阳你就在那里,不断地、不断地释放着能量。太阳,你是正能量,最大的正能量。

太阳呀!你是神。我们中华民族的神,你也是我们这个星球的神。

光明,是太阳你给的!

光阴,是太阳你给的!

光辉,是太阳你给的!

太阳呀!你是太——阳!!

跟着太阳走一年,从立春到大寒,四季走过是一年,从立春到……

太阳照顾地球,
众生谦卑生活。

月神颂

颂神曲之二

援笔写赋,焚香祭月

援笔写赋如焚香祭月——

从黄昏到黎明，太阴抚慰脆弱的心灵；

从黎明到黄昏，太阳照顾卑微的众生！

日月轮值，人间春秋。

——作者题记

若有情，地球也寂寞。好在，身边有个小伙伴：月。

先有地球还是先有月？科学家也不能断定，科学家可以明确的是，大约40多亿年前，地球和月球就已"牵手为伴"，在茫茫太空中，相望相守。一旦牵手，永远相伴，于是，在漫长的光阴里，地球的故事离不开月，人类的故事一定得有月亮关照。

演变是极其缓慢的。无生有，地球上，有了细胞，有了生命，有了人类。人类也寂寞，寂寞也找伴。抬头看天，看见了圆缺看见了月，对汉文化圈的人们，特别是对中华民族来说，孤单寂寥之时，不就有了一个天然的倾诉对象吗？！

月球，是地球的贴身小伙伴，一句话来概括，亦是人类的贴身大闺蜜。汉文化里，阴和阳是两大文化元素，太阴和太阳，指的是这两大文化元素的两个极点，当然，太阴和太阳，指的更是日月这两个星球。——属阴，贴身大闺蜜，月亮，亦可精准为：俺的女闺蜜。

"小时不识月，呼作白玉盘。"这是唐朝大诗人李白的诗句。"小时"，当然是李白的"小时"，依我思维，这句诗指人类早期阶段——也就是猴子变成人的初级阶段——也是可以的。换句话说，人类早期并不太明白月亮的"作用和意义"，也不会"呼作白玉盘"。那只悬在空中的"大盘"，只不过是一个陌生的存在而已，好在，这个大陌生并不很瘆人。

人生代二無窮已
天半舟忽只桐
似這般生
相似冲
在人心
中

辛亮永惧了

感谢诗人,这个群体,常被"时人"目为异类,但其对历史,对人类的贡献却是异常巨大。在此,我们甚至可以如此武断地说:是诗人这个群体举头望月并引领众生一起创造了月亮。——隔着光阴,后人这才好轻声唱起"月亮代表我的心"。

"月出皎兮,佼人僚兮……月出皓兮,佼人懰兮……月出照兮,佼人燎兮。"这是《诗经·陈风·月出》里的诗句。如何理解?简而化之,就是一句话:月下出美人。不过,这是民间高人(无名氏)的感叹。多一嘴,无名氏的名句还有:"明月何皎皎,照我罗床帏。"(《古诗十九首·明月何皎皎》)

"屈平词赋悬日月。"再说有名的高人:屈原。屈原的词赋也有直接写月的。"日月安属?列星安陈?出自汤谷,次于蒙汜。自明及晦,所行几里?夜光何德,死则又育?厥利维何,而顾菟在腹……"这是《天问》之声。

文以气为主,不同的文体有不同的气场。赋体,最能彰显中国人的铺张气派。这里,我们只挑谢庄《月赋》里的片断来开开眼界。"日以阳德,月以阴灵。擅扶光于东沼,嗣若英于西冥。引玄兔于帝台,集素娥于后庭……歌曰:美人迈兮音尘阙,隔千里兮共明月;临风叹兮将焉歇?川路长兮不可越……又称歌曰:月既没兮露欲晞,岁方晏兮无与归;佳期可以还,微霜沾人衣……"(谢庄(421~466),字希逸,南朝宋文学家)

唐诗宋词有大气象,大气象里见"月亮"。中国人的底气是汉唐气象打下底子的。自然,唐诗宋词居功甚伟。先看唐时明月——太多了,我们只挑李白的过过眼吧!

明月出天山,苍茫云海间。

(《关山月》)

床前明月光,疑是地上霜。举头望明月,低头思故乡。

(《静夜思》)

我寄愁心与明月,随风直到夜郎西。

(《闻王昌龄左迁龙标遥有此寄》)

俱怀逸兴壮思飞,欲上青天揽明月。

(《宣州谢朓楼饯别校书叔云》)

今人不见古时月,今月曾经照古人。古人今人如流水,共看明月皆如此。

(《把酒问月》)

举杯邀明月,对影成三人。月既不解饮,影徒随我身。暂伴月将影,行乐须及春。我歌月徘徊,我舞影零乱。

(《月下独酌》)

词为诗之余,到宋,诗之余,诗人更放松,更放肆,更放下,所以,更加直指人心。

明月几时有?把酒问青天。不知天上宫阙,今夕是何年。我欲乘风归去,又恐琼楼玉宇,高处不胜寒。起舞弄清影,何似在人间。 转朱阁,低绮户,照无眠。不应有恨,何事长向别时圆?人有悲欢离合,月有阴晴圆缺,此事古难全。但愿人长久,千里共婵娟。

自然,这轮著名的"明月"出自大才子苏学士笔下。

再看女词人李清照的"月满西楼":

雁字回时,月满西楼。花自飘零水自流。一种相思,两处闲愁。

(《一剪梅》)

文化,其魅力总是从精英"流"向普通大众。到了元,戏剧的月亮洋溢出更多尘世的情怀。窥斑知豹,这里大致扫一眼王实甫的《西厢记》。

《西厢记》全名《崔莺莺待月西厢记》。你看,连标题都有月,还"待月",因为爱情,所以才有"'十年不识君王面,始信婵娟解误人'小生便不往京师去应举也罢"。男见"月",女亦见"月":"有心争似无心好,多情却被无情恼。好句有情怜夜月,落花无语怨东风。"用现代人的眼光看,这就是小资情调了。

辉光普照,月亮在走精英路线的同时,也同步在走民俗路线,于是有了后羿射日后的嫦娥,有了天狗食月、吴刚伐桂……

不管是精英路线,还是民俗情怀,我们可以看到一个关键词,人类自认识月亮之初到如今,关键要害一直潜伏在人心之中,这就是抚慰。月亮是人类的大闺蜜,她总是在"寂寞的夜空"中照拂仰望她的人们。这便是月亮高悬于中国文坛两千多年魅力越来越大的根本原因吧。

更为有趣的是,月神在中国爱情中的独特作用。仔细想一下,还是离不开"抚慰"这条温馨热线。此后,月神就较普遍地为民间所供奉,是没有正式加冕的爱情神。古代男女热恋时在月下盟誓定情,拜祷月神,那是很应该的一件事。如今的苗族,还有"跳月"活动——想来是相亲赏月两不误了。"开帘见新月,即便下阶拜。

细语人不闻，北风吹罗带。"唐代诗人李端的《拜月》诗"泄露"了少女拜月祈求时娇羞的情态。有趣的是，男女爱情纠葛，月神似乎也能评评理的："闷来时独自在月光下，想我亲亲想我的冤家。月光菩萨，你与我鉴察：我待他的真情，我待他的真情，哥！他待我是假！"这是明代的一首《桂枝儿》，读来，心头不禁生发出一股淡淡的酸甜味道。

"月有阴晴圆缺"，从立春到大寒，在岁序周期性变化中，月亮也呈现着不同的样貌，或隐或现，或缺或圆，或小或大，在这不同的变化中，作为一个诗意的天体存在，她总是抚慰着我们人类。

她总是抚慰我们，我们便不断地亲昵地叫她唤她，叫唤时我们还会变幻出不同的昵称来：望舒、金波、玉弓、桂殿、玉桂、银台、太清、蟾蜍、玉蟾、银蟾、瑶蟾、金蟾、冰魄、桂魄、玉盘、金盘、银盘、圆盘、广寒、白玉盘、金镜、玉镜、秦镜、瑶镜、金轮、银轮、玉轮、冰轮、霜轮、孤轮、玉兔、玉钩、银钩、垂钩、悬钩、金兔、白兔、蛾眉、悬弓、丹桂……这些都是诗意的月亮，如果是"神"，还另有称谓：月光娘娘、太阴星君、月姑、月亮嬷嬷……

仰望星空，最大的那一颗是 —— 月亮；仰望星空，她是那样的辽阔而深邃。

见与不见，她就在诗意的天空里，折射太阳的光芒；见与不见，她总在抚慰节气轮回中的大地，抚慰大地上游荡的人类灵魂。

月神护佑人间。

月亮，越来越"亮"了！

春神颂

颂神曲之三

致敬　致歉

秀才人情纸一张。

一张纸，好作祭品；一支笔，好表敬意和歉意。纸满文字，烧纸为香，香寄春神。

致敬，当然的；致歉？歉意，从何而来呢？

从历史中来，也从我心而来。

每逢春来，人们都忙于欣欣向荣，于是，在千百年的时光中，有意无意间，在人类集体无意识的作用下，就把你给忘记了——用当代观点来说，你，春神，本是人们在历史中创造出来的，本应对你珍爱有加。但是，春风一吹，桃一红，柳一绿，人们就很自然地忽视了你的存在。想一想，这也在情理之中。

好在，中国地域辽阔，不管天翻地覆，不管阴晴圆缺，你，春神，自然会有一股顽强向上的生命力量，于是，天佑众神，尊神你，得以一息存千年焉——据有关资料，全中国尚存一座春神句芒庙。

致歉，我也只能以个人的名义向你致歉。其一，我曾经并不知道有你的存在。在写作节气文字以前，我根本没有意识到神对我们的生活会有什么意义。意识缺失，我心中自然也就没有你，更没有你的位置。

其二，知道你的赫然存在，于是也曾好多次想亲临你的家——梧桐祖殿——来看你一眼，续一炉香，但至今没有成行。心到神知，人间正流行"你懂的"，想来你也"懂的"。

心到神知，当然最好身心俱到。有机缘，我想我一定会来看你的。此外，为了更多的人了解你，向你致歉，我这里公布一下你的住址和欢乐良辰。

春神住址：衢州市柯城区九华乡外陈村梧桐祖殿。

欢乐良辰：每年立春。

娱乐项目：祭春神、鞭春牛、演大戏、抬福游村、尝春咬春……

夏神颂

颂神曲之四

来一次通神

通神灵,让我们以现代的方式抵达吧!

像驴友一样——如果本就是驴友就更好了,准备好一切,向野外进发。这里当然无须提及白天像驴一样在荒野里的行走,只说夜幕已降下——

燃起一堆篝火,围着,算不算取暖并不重要,重要的是围绕着篝火,舞动起来。

拿酒来——

当然是白酒,高度白酒。什么啤酒,什么黄酒,算是酒吗?休要提及!先开一瓶,向天一扬,向地一洒,再全部倾注到篝火的火头上——祭祀有火神之别称的夏神,非如此不可!

音乐起——

要动感类的。跳起来啦!月光下,星光下,驴友们都动起来吧!天地之间,谁是最自由的——忘了我,才是最自由的。酒,自己劝,自己灌,自己醉!

来劲了没有?来更猛烈的音乐吧!

好!换《忐忑》:

嗯,啊,唉,哟……哪个嘀哪个咚……

如此,像不像巫——古代以舞降神通神灵的巫师?如此,可不可以抵达神的境界?

这不是一个探问的问题,而是一个行动的问题。

"啊——哦,啊——哦,哒咯豆哒咯豆哒咯豆……"

秋神颂

颂神曲之五

蓐收之府桃花源

前往"蓐收之府",这是一条探究的路。

先说秋神你的名讳:蓐收。根据资料,你的简历是这样的:蓐收为秋神,左耳有蛇,乘两条龙。据《淮南子·天文训》载:蓐收"执矩而治秋"。这里,我当然无可言说。我想释疑的是,历史怎么给了你这样一个名称呢?

且让我从文字意义上来一番探究吧!

"蓐",指的是"陈草复生"。"陈草复生"是什么生机?

我小时候生长在中原农村,印象中,秋季时,水稻收割后,会在温和的环境下又生一茬,赶时间,有些甚至又结上稻子了。当然,温和的环境下,不只是水稻会如此"复生"(注:很早很早的时候,水稻还不是人们生产、生活的主要对象),换句话说,"陈草复生"是秋季最鲜明的景象。问题是,"蓐"和"收"两字并在一起,是什么意义呢?我猜的是:"蓐"时"收",即"陈草复生"的时候,正是收获一年劳作成果之时。很显然,先人们在此时的幸福感、成就感是一年之中最充足的。以此为秋神之名,可说意蕴丰富。"蓐"之时"收","蓐收"名威。盛名之下,便有了家——"蓐收之府"。

"蓐收之府"在哪里?我还没有去过。网络发达,网上探究亦有奇妙。

"蓐收之府"在西岳庙。西岳庙,始建于汉武帝元光初年,初称"集灵宫",坐北朝南,面向华山主峰,是祭祀华山神的专用场所。资料上说曾有56位帝王前来下跪。

这里,我无意多说什么,只想说一件有趣的事,那便是在"蓐收之府"中,除了秋神你,还有春神句芒(浙江唯一春神庙的说法,有点不是很严谨哟)。想来也没什么,春秋春秋,春种秋收,自然是好在一起的!

东晋时的陶渊明曾以质朴之笔写下《桃花源记》，"桃花源""怡然自乐"的田园生活"仿佛若有光"。自然，这是理想，是梦幻，是不可能兑现到现实中来的。在现实层面，接近于"桃花源"意境的，我觉得便是秋季——一年之中凡俗的我们，可免衣食之忧，况且天气又爽，像风一样自由，无才亦可，登高放歌，有才，"便引诗情到碧霄"。

"真美啊，请停下来吧！"有机会有机缘，某年的秋天，到西岳庙，到"蓐收之府"，我一定恭恭敬敬给您烧一炉香，下跪，低声细语："真美啊，请停下来吧！"

冬神颂

颂神曲之六

佛之前，你是佛

倒着来——

做饭,用电饭煲;电饭煲之前,用铁锅;铁锅之前,烤着吃。我的"逆袭"思维是,从人类生吃东西之时算起,只要促使人类进化的大环境没变,那么,铁锅、电饭煲就已在"前头"等待着我们。这就是宿命吧。

物质产品如此,精神产品,也有类似规律。

现代生活现代人,需要佛,需要阿弥陀佛。站在当下,我向前追问的问题是:按照这个规律,在佛之前,是什么东西能像佛一样满足那时人们的精神需求?

我觉得,其中之一,必有冬神。或者说,冬神在满足先人精神生活方面发挥了很大的作用。

因此,纸上谦卑,朝拜冬神,我低声对他说:佛之前,你是佛。

佛是什么呢?

佛就是觉。佛,梵文 Buddha,音译"佛陀",意译为"觉""觉者""知者"。按中国文人的拆字法来说,佛,"人""弗"也,也就是说,非人。按我的理解,并非"不是人",而是"觉悟"高了,超越了一般常人。

当然,佛有发展,后来的佛,在历史的长河中修炼得深奥无比,成就了时下的模样。不过,我们这里言佛礼佛,只取"觉""觉者"这一本义——有时越是简单,越能直抵本质。

冬神何谓呢?

玄冥!

玄，天玄地黄的"玄"。古人云：天以不见为玄，地以不形为玄，人以心腹为玄。

冥本义：昏暗。古人云：高低冥迷，不知西东。冥然兀坐，万籁有声。至道之精，窈窈冥冥。

将玄、冥两字合在一起，便有了玄冥。

冬神通佛，或说玄冥是佛的前世。那么，我们寻觅或回味一下冬之气象给了我们什么感觉吧！

冥然兀坐，遥想冥思，那"无边落木萧萧下"的冬季，当初给先人的大印象，不就是玄和冥吗——"天以不见为玄"的玄，"高低冥迷，不知西东"的冥？"玄冥者，所以名无而非无。"这是西晋玄学家郭象的解释。换句话说，本来无一物，后来，因为有了名，也就有了新物——这就是叫玄冥的神了。将人们头脑中的"大印象"逐渐具体化、人格化。大概，众神的产生皆如此吧。

时值冬季，说到冬神，在佛从印度传入中国之前，先人的"觉"，自然且更鲜明地发生在冬季吧？

冬季让人陷入"玄冥"之境，但不是所有的人都会"觉悟"。"中年入道，老年近佛。"这句话，不是名言，是我总结概括的。

我们知道，少年火气火火火，当然不知道佛。青年脾气旺旺旺，当然不解佛意。"人生从中年开始"，随着光阴的流转之功，还有人世间的起伏浮沉，作为一个生命体，体人事，观世界，领悟渐悟，日甚一日。人言"难得糊涂"，我说：中年入道，老年近佛。就是在这个规律的"暗中关照"下，每到冬季，中年人、老年人便觉得这季节是自己的——更合心性。那么，对少年郎来说呢？一样，一寸寸的光阴也一点点地"敲打"着火气和脾气。换句话说,这是岁月在点化,这是冬神在度你。一度两度不是度,只有"千百度",才有万能的"百度"、才有让人明白的"百度"。自然,到万能,你嘴上可能不说,心里早就明白了。

有些跑偏。还是回到冬神本尊吧!

和西方的冬神对比,咱大中国的冬神,名声并不突显。佛之前,你是佛。佛来后,你还是你。所以,在此,我希望,咱大中国的冬神,一方面,彰显自身的声誉,另一方面,更显法力,再度更多的人。

天地有大美而不言,冬神亦行"不言之教"——能领悟的人自会领悟的,你能度的人,迟早会来被你度的。

这也是宿命。可是,这宿命,也是有动力,也是有规律的。

神各有命。可是,神,一旦产生,一旦在人心上扎根,那么,他永不会逝去。

冬神永恒!

明月逐人來平川 連孫計套
呂奉先三岁天下晉欠頂來秦
之後天下安村油戍眷毫盤旋

風微來動萍紅雨灑花津跳波魚出藻攪碎一池春

甲午秋作晴殷

【立春】

一元复始 天地泛春

地气动,人心暖,一元复始。

每一个春天都是全新的,每一个春天都有全新的心思。

『春风又绿江南岸』,一生二,二生三,三生万物。万物负阴而抱阳,冲气以为和。

——作者题记

每一个汉字都是一阕诗意的存在。比如"立"字,比如"春"字。

先看"春"字。

原初的春,中间有"日",即太阳,字形的右边有"屯",表示种子扎根发芽。很显然,春的字形呈现太阳出阳光照草木初生的景象。

再看"立"字。

"立",下面的一横,那是中华大地,"立"字从前的字形,上面是一个站立的人形。一个人张开双腿,坦然立于大地之上。成语"顶天立地",立起了"立"意。

三

一年四季二十四个节气，四六二十四，也就是说，每季有六个节气。有趣的是，春夏秋冬每季的头一个节气都是"立"字打头。

春天来之前，春意先"立"起来了。"立"和"春"合在一起，便有"立春"：一元复始，天地泛春。

天地泛春，一看三候。

立春头五天，第一候，东风来了。来何事？——"东风解冻"。

"万事俱备，只欠东风。"这话，从《三国演义》说到如今，彰显出这样一条集体潜意识：万事皆得有东风。一般说来，"东风"是比喻中的喻体，但是在《三国》里，东风是真东风；立春来，东风也是真东风——真东风，真解冻。

立春第二候，"蛰虫始振"。

"春来我不先开口，哪个虫儿敢作声。"这首诗是时年十六岁的毛泽东在某次入学考试时所作，考题"言志"，诗题为"七古·咏蛙"。咏蛙却以"虫子"垫底作陪。妙哉妙哉！其实，蛰居的虫子可是早知春讯哟，因为他们蜗居的地方，很接"地气"的！

立春第三候，"鱼陟负冰"。河里的冰开始融化，鱼儿上升到水面上游弋，此时，水面上，寒冰已化整为零，零碎的冰片四处漂泊。如此景象，观鱼的人儿觉得这是鱼儿背负着浮冰在"踩水"呢。

此时，鱼儿快乐吗？在中国文化中，鱼儿乐不乐的问题是一个有丰富涵义的问题。"惠子曰：'子非鱼，安知鱼之乐？'庄子曰：'子非我，安知我不知鱼之乐？'惠子曰：'我非子，固不知子矣；子固非鱼也，子之不知鱼之乐全矣。'"(《庄子·秋水》)

东风是东风，讲多了，东风不仅仅是一股风了；虫子是虫子，讲久了，虫子不仅仅是一条虫子了；鱼儿是鱼儿，观鱼谈鱼，鱼儿也不仅仅是水中的动物了。从物到文，是一条沿时间不断演进的文化路

径;从客观物候到文化涵义,也是一条沿历史不断演进的文化规律。仔细品味这条文化路径和文化规律,也许,我们在当下也能生发出更深一层的领悟:原来物候学、节气文化对中国文化具有如此独特的贡献!

天地泛春,二看电影。

古籍《群芳谱》曰:"立,始建也。春气始而建立也。"立春居二十四节气之首,在天文意义上,她标志着春天来了。实际上,不是春天来了(气候学意义上的春天,是指平均气温连续五日稳定在10℃以上),而是春气动了。这是春天的前奏,气温、日照、降雨,开始趋于上升、增多,自然,细心的人儿、盼春的人儿,可以毫无困难地嗅到早春的气息。艺术家更敏感,更知人勤春早,于是有了顾长卫导演的电影《立春》。顾导说:"立春的到来,也预示着王彩玲新的向往。"

王彩玲是《立春》的主角,一个生活在小县城的音乐教师,一个苦苦挣扎要到北京去寻找歌剧舞台的追梦者。在《立春》中,她说:"立春一过,实际上城市哈儿还么甚春天的迹象,但是风真的就不一样了。风好像在一夜间,就变得温柔潮湿起来了。这样的风一吹过来,我就可想哭了,我知道我是自己被自己给感动了。"

王彩玲由演员蒋雯丽（顾长卫导演的妻子）饰演。知道蒋雯丽从无名到出名成长历程的人也许会这样想：王彩玲就是蒋雯丽，蒋雯丽就是王彩玲（有点庄周梦蝶的意味吧）。这样想还真是对的，事实上蒋雯丽本人也曾经说过她就是一个王彩玲。王、蒋二人，如果说有区别，那就是，蒋雯丽走上舞台成功了，而王彩玲呢，还在平庸的生活中沉浮着。

蒋雯丽，或者王彩玲还说："每年的春天一来，实际上也不意味着甚，但我总觉得要有甚大事发生似的，我心哈儿总是蠢蠢欲动。可等春天整个儿都过可了，根本甚也么发生。我就很失望，好像错过了甚似的。"

对蒋雯丽或者王彩玲来说，每年都会有立春来，"立春一过，我心里就蠢蠢欲动了"。其实，如此立春，何尝不是我们每一个人的呢？！

天地泛春，三看民俗。

吃为先，先说春卷。

就像端午吃粽子一样，立春吃春卷也是我泱泱中华的一项传统习俗，龙的传人已传承了千余年矣。

这种食物，最早不是卷起来的，而是盛在盘中，所以叫春盘。春盘始于晋代，初名五辛盘。五辛，指的是小蒜、大蒜、韭等五种辛荤的生菜，春日食用春菜，可发五脏之气。春盘，后经历朝历代变革，有了卷起来的形式，有了油炸的做法，还有不同的名称，如春饼、薄饼。到清，春卷出现了。清潘荣陛《帝京岁时纪胜·正月·春盘》："新春日献辛盘。虽士庶之家，亦必割鸡豚，炊面饼，而杂以生菜、青韭菜、羊角葱，冲和合菜皮，兼生食水红萝卜，名曰咬春。"

只要是新鲜的，又是在立春时下嘴，那么，不管是放在盘子中叫春盘还是卷起来叫春卷，我们不难看出其根本：这是人们快乐地感受新一轮春天里最新鲜的气息。

民俗在民间,其实,官家甚至帝王之家也是有民俗的。追溯起来,有些民俗,还是皇帝开的头。比如祭春神。

春神是"治春秋"的神,春神叫句芒、木正、木帝。句(读 gōu)芒,相传是少昊的后代,名重,为伏羲臣。死后成为木神(春神),司春,主管树木的发芽生长。古籍《淮南子·天文训》说:"句芒,执规而治春。"《山海经·海外东经》说:"东方句芒,鸟身人面,乘两龙。"综合起来,古人心中的春神句芒,就是一位鸟身人面,手执圆规、角尺,骑着两条龙的神。

祭春神,历史很早很早,早在周朝就有了。那时官府设有东堂,年年举行迎春仪式。这种"立春祭"风俗一直延续到清末民初。《燕京岁时记·立春》记载:"立春先一日,顺天府官员在东直门外一里春场迎春。立春日,礼部呈进春山宝座,顺天府呈进春牛图,礼毕回署,引春牛而击之,曰打春。"迎春祭祀时,文武百官都要参加。遣人扮句芒神,头戴面具,手牵土牛而行,叫土牛鞭春。

春暖之际,寄托花开的美好愿望,看来是人类普遍的愿望吧!不过,让人有点奇怪的是,即便在官府祭祀春神时,春神的形象就已暗暗发生着变化。后来,在绘画中,有的春神是春天骑牛的牧童,头有双髻,手执柳鞭,亦称芒童;有的春神,是头上梳着丫角髻的农家孩子,手执牛鞭赶着春牛;有的春神,还不戴帽子(意味着希望今年气候温暖),一只脚穿着鞋、一只脚不穿鞋(如此,意味着风调雨顺,雨水不多也不少。否则,双脚穿鞋,当年偏旱;双脚都打赤足,雨水就偏多)。当然,这时的春神是芒童,这时的芒童也是春神——春神更亲民了。

岁月匆匆,似乎春神句芒完全"变形",成了可亲可爱的芒童,其实未必。在如今的浙江省衢州市柯城区九华乡外陈村，还有鸟身人面，手执圆规、角尺的春神句芒，每年立春这里还举办"立春祭"，主要内容当然是祭春神句芒，其他活动还有敬土地、鞭春牛（可是真的牛哟）、吃青菜尝春、郊游探春、鸣炮迎春。不难看出，这其实已包含了当代元素。再动动脑，也不难看出，从官到民是民俗演变的一条长路，民间传承也是民俗演变的一条长路。

天地泛春，看三候，看电影，再看民俗。如此看看看，我们的心更宽了：立春，不仅是人类的，也是大自然的；不仅是历史的，也是艺术的。

"生活不是缺少美，而是缺少发现美的眼睛。""立春一日，水暖三分"，睁开双眼吧，看，立春"萌"起来了。

立春·萌

年年立春接大寒，万物生长萌将然。
大地起暖未见暖，太阳照顾动心弦。
于无声处雪如絮，爆竹霹雳惊童颜。
一元复始天地人，跟着太阳走华年。

立春 萌

全二:立春擒大寒萬物
甦長萌將於大地起暖
未見暖太陽熙顧動心
弦于冬聲霞雪如紫爆
竹霹雳憋童顏一元復
始天地心跟着太陽走
華華

丁酉 旼晨書

雨水

春天有春天的麻烦

水——

一点水：冰

二点水：冰、凛冽凝凄凉……

三点水：涌涵流、派浃溶、浴洽淋……

雨——

雨雪、霜雾雹霞露……天公面目，日夜变脸。

雷电、霹雳震雲霄……天公抖擞，不离雨盖。

东西南北中，雨水滋润中华。

——作者题记

春天有春天的麻烦。

春天无限好，春天怎么会有麻烦？事物总有两面，美好的春天当然也会有。

立春过后，便是雨水。

先说"雨""水"这两个字。

金文中的"水"

甲骨文中的"雨"

"水","象众水并流,中有微阳之气也"。说的是"水"的字形像众水同流,而中间的一竖,表示的是藏在水中的微阳气息。显然,看到波来浪去,中国先人摹写了河流中水的流动之姿以"象众水并流"。

"雨"呢?甲骨文用上三下三六个点的排列表示雨,后来,又在雨点上加一横,那一横像天穹像云层,其实也可以表示老天。雨从云层中跌落而下。"天一生水",古人有此说法,从"雨"字来看,"一"象天,生着"水",挺有趣,也贴切。

"水是庄稼血,没有了不得。"这样的谚语说的是水对庄稼的极端重要性,其实说的也是水对中国农业文明的滋润之功。现代人爱说"水是生命之源",当然生命不只是人的命。正因水是如此重要,所以,中国先人把"雨""水"并在一起,专称第二个节气:雨水。

"正月中。天一生水,春始属木,然生木者必水也,故立春后继之雨水。且东风既解冻,则散而为雨水矣。"(引自《月令七十二候集解》)头五天,雨水第一候,水獭现身了,水獭在水中捕了鱼,再将鱼儿摆到岸边。鱼儿被摆在岸边,在古人观念中,这是水獭已知上天恩泽趁开春之际举行简单而隆重的祭祀,是谓"獭祭鱼"。

"七九河开,八九雁来",第二候,大雁展翅高空,从南到北;再过五天,"草色遥看近却无",眼光好的人,会看到江南的嫩芽已在枝头迎接着大地的早春。这便是"二候鸿雁北;三候草木萌动"了。

如此说来,春天在古意中款款走向人间,哪里有麻烦?

立春以后的天,多半一会儿东风压倒西风,一会儿西风压倒东风,一会儿暖,一会儿寒,于是,在不稳定的状态中,春天的麻烦多,麻烦的种类还丰富。只是,事后总不爱提春天的"坏"罢了。

节气雨水,东西南北中,人间还在正月里,大年是过了,元宵节也过了,但过大年的气氛并没有消退。这时,北方仍有雪,南方仍是寒。时雪时晴时雨,乍暖还寒,阴沉沉,湿答答,愁绪连绵。——这是从整体来说的。

仍在家乡土地上劳作的人们会说:年过好了,得干活了。在土地上干活,天还冷着,风还吹着,一年耕作的忙碌从此开始,不能瞎忙,还得筹划。这其中的麻烦,自然多多。

在故乡和异乡之间奔波的人们,"龙抬头",这时节,"风雪夜归人",又得筹划远行。天呢?说来风就来风,说下雨下雪就有雨雪,这次第,怎一个"trouble"了得!

春天的麻烦多是雨水给的,但,春天的麻烦绝不会只在节气雨水中显露——从冬末到夏初的整个春天,都有麻烦,这样的麻烦走了,那样的麻烦又来了。春天,便是一个不断向往美好不断克服麻烦的梦想之旅。

南方的麻烦,北方的麻烦,各有各的表现。

北方的麻烦很"粗犷":春天的心,冬天的景,继续"猫冬"。猫着猫着,北方的春天,大致在五月,一下子绽放出来。自然,在春天来之前,那猫着的心理和心情,是憋也是闷。

南方的麻烦很"细腻":一寸春光一分暖,乍暖还有寒,一段"春捂"。捂着捂着,梨花开了,杏花开了,油菜开花了……

这里,特意数落一下南方的麻烦吧:

其一,群众甲说:今天搞不好还要下雪子的。群众乙说:下吧!反正都是春天的事。

其二,某地方媒体报道:昨天,本地飘落"桃花雪",最高气温下降了7℃~8℃,跌至个位数。预计,今天气温依然较低,最高气温只有6℃~7℃。

其三,上午刮风下细雨,下午出了残阳,寒风寒意纠缠着下班的人们,竟然看到了光明的太阳,有人说:"看看太阳,应该是热的。"还有人说:刮冬天的风,出春天的太阳。

其四,一天里有四季。或几天里四季轮着来。且,这时的四季还不按春夏秋冬的顺序来。从春跳到冬,从冬跳到秋,如此颠三倒四。有心脏病的人怕,没有心脏病的人也怕的。

其五,某气象台预测,最近这一段时间,本地的雨真是下得绵延漫长,老天爷就像一个多愁善感的小姑娘,动不动就洒下一些泪珠

来。气象台也怕小姑娘的脾气的。这天气太难预报了。报晴天,可老天飘起了细雨。看来,挨回骂是少不了了。可骂的人忘了前天报小雨老天却在几滴雨后出了太阳的事。

其六,诗人更敏感,那份敏感在诗里:"自在飞花轻似梦,无边丝雨细如愁。""小楼一夜听春雨。""雨水是大海的叹息,是天空的泪水,是田野的微笑。"有趣吧!春天的麻烦在诗人的笔下,却带来如此意味深长的意境。

南北皆麻烦,麻烦时,瞬间的冲击力极强,麻烦过了,人们觉得春天没有麻烦。于是,中国文化中的春天很是美妙,于是,任何一轮不好的春天,以及常规春天里的麻烦都会被选择性遗忘掉。那么,在春天里,在麻烦里,我们如何看待刮风下雨连绵的麻烦呢?

很显然,在人们对春天麻烦的具体感触中,我们仍可隐约分辨出两种不同的心理倾向,一种是乐观,一种是悲观。

老天是不会无缘无故下雨的,只是乐观或只是悲观,都不全面。辩证地看雨水,总体说来,乐占上风,所以人们这样亲昵地叫她:细雨、微雨、太阳雨、及时雨、杏花雨、桃花雨……莫非人们早已知道:一场雨水一场暖,每场雨后,我们就会离温暖的春天更近一步。正是麻烦,正是在雨水的麻烦中,春天被滋润出来了。

面对春天的麻烦,乐观的人得到了什么?悲观的人又得到了什么?

看《西游记》,我们常抱着这样的念头:那个本事高强的徒儿孙悟空怎么不一下子把师父唐僧搂在腰间一个跟头飞到西天一下子把经给取了呢?

唐僧的使命是取经,唐僧的代价是九九八十一难——这是定数。从一个相当长的时间段来说,春天的麻烦是定量的,正像唐僧的代价。有定力的人、有毅力的人、知苦知乐的人知道麻烦是命中应有,故而坦然,故而认真而积极地面对。正如那唐僧,不惧妖魔设置的一个又一个的大麻烦。

在雨中,有这样一个带哲理的场景:很久很久之前,有一天,老天突降阵雨,大家纷纷跑路,可有一人,优哉游哉如闲庭信步。有好事者问他:你怎么不跑?那人说:跑什么跑,反正前面也是雨。是的,一场阵雨,也许我们很容易跑过,可春天里缠缠绵绵的春雨,我们跑得过吗?由此,我们也不妨学学那个在雨中漫步的人儿。

乐观的人得到的是整个春天,以及浪漫的人生态度。

"一候獭祭鱼",是中国先人眼中的"獭祭鱼",所以,说的是水獭对天地的敬畏,更是 —— 人们对天地的敬畏吧?!

春天有春天的麻烦,趁着雨水好打油,打油成章:

雨水·润

天地氤氲岁华新,寻常雨水建奇勋。
龙抬头兮节气至,细声润物助农耕。
阴阳激荡寒意烈,风里雨里茹苦辛。
也有潮人闲听雨,沿河看柳踏早春。

雨水

天地氤氲歲華新 尋常雨水達
奇勳 龍抬頭兮節氣至 細聲潤物
助農耕 陰陽激蕩寒意裂 風里
雨里菇草辛 也有潮人
蘭聽雨沿河畔柳踏早春

丁酉瞽辰書

惊蛰

接地气，惊蛰矣

> 节气和劳作相对应，也和生活相对应。每一个节气，便是一种别具一格的生活方式。那么，惊蛰呢？
> 惊蛰，是大自然安排的情人节。情人节，不只是针对灵长类动物哟！
> 动心了，春天就来了。
>
> ——作者题记

惊蛰是一个"闹腾"的节气。有趣地发现，每逢惊蛰，我大多会闹出毛病来：不是小雨淋着，就是肠胃吃坏了。这是我一个人的毛病吗？也许不。因为，在这时节，养生专家们在提醒着人们如何预防疾病。看来，这个时间点上，闹出毛病的人，不会太"孤单"。

毛病事小，惊蛰时节，更重要的，自然不在我，而在万物——天地万物生机起，从南到北，春意天天向上。

惊蛰的"官方发言人"是虫子们。藏在地下过冬的昆虫们，接到轮回中泛起的地气，听到春雷隐隐的轰鸣，要翻身了，要出头了，要过春天了。《月令七十二候集解》说："二月节。万物出乎震，震为雷，故曰惊蛰。是蛰虫惊而出走矣。"

大地上的事情，当然不止是虫子。没有冬眠的动物们闹得更凶。民间谚语云：惊蛰过，暖和和，蛤蟆老角唱山歌。惊蛰天转暖，牲畜发情欢。草驴发情呱哒嘴，母猪发情跑断腿。

我曾向一个学农牧专业的朋友请教：母猫叫春，她找到公猫不就成了，为何叫得哀婉凄厉、连绵不绝？朋友说："叫"，是她这个时段的生理本能，必须的。她就是找到公猫，她还得"叫破嘴"。事后，我胡乱联系：人类要爱情，还要情歌唱来唱去，道理是一样的吧？

惊蛰，万物并荣，动物并发，人，自然也少不了激动和行动。借诗句来表现："四海翻腾云水怒，五洲震荡风雷激。"我知道这诗句不是写惊蛰的，但我觉得有几分神似。

身在当下说时代。我们的时代是什么时代？"浮躁"，好多人都这样认为。是吗？如果只由"浮躁"来支持我们向前，那如何解释辉煌呢？纸上行文写惊蛰时，突然，我意识到：我们这个时代，最形象的说法，倒是"惊蛰"。人要天时地利，便有天时地利；人要奋发雄起，便有动力动能。当然，过程中，免不了浮躁。

几年前，有个城市做宣传，打出"宜春，一座叫春的城市"，舆论哗然。惊蛰重提，让我又想起写过《性史》的"中国第一性学家"张竞生和现在仍研究性文化的李银河博士。历史有惊人的相似，打油赋诗，聊为纸上一叹。

惊蛰·叫春

天地大德古曰生,流传千年藏本真。
性是科学性是根,年年惊蛰勤叫春。
百畜叫春人不异,人若叫春若妖精。
张生性史先知声,银河迢迢织女星。

惊蛰 叫春

吊张竞生兼為李银河
博士所受謗叹惋

天地大德曰生流傳千年藏本真
性是科學性是稹人二憾勘
叫春百盲叫春心忑异人若叫春
若娱槐張生性史先知藏銀河遊
織曲星

光智句 丁酉岁辰代笔

雨霽風定暮云天氣𣎃毛百許爭鳴眉畫梁新燕一雙三王籠鸚鵡鷯鷯聒聒孤睡聲鵪弱底墻莓苔滿地春月樓義憂歌聲麗慕成舊夢𣎃心丁亥無言斂趣眉俞翠華甲午仲秋晗辰

春分

恰如其分

> 节气是中国人的精神基因,可遗传。
> 节气是中国人永远的故乡,向往光明,跟着太阳,从一个节气到另一个节气,我们一直走在回故乡的光明之路上。
> 节气是中国人行走历史行走四季时踩出来的节奏。踩得多了,踩得久了,便成传统。敬畏天地敬畏传统。
> ——作者题记

  不仅平分白天和夜晚,也把春季对折分开(古时,立春至立夏为春季,春分居中),春分,恰如其分。除此之外,眼前春色缤纷,浓淡正好。

  在北方,春色刚起色,但是,经过长冬,北方人眼见新绿微微,心生妙感。在南方,春要浓多了。寻春踏春,年年春来,次次都新鲜。比如我,今春发现桂子了。桂花开后会结子的(怪!从前怎么没有想到呢?),春分时,桂子青青,半寸许,如橄榄的缩小版本。桂子好聚,一团热闹,迎着春风,在桂枝上荡,别有一番气象。当然,最引人注目的还是桃红李白,油菜花黄,江南人对此,一点也不觉得浓,见到燕子,"却是旧时相识",寂静欢喜……

古代的春分,分为三候:"一候玄鸟至;二候雷乃发声;三候始电。"玄鸟指燕子,雷指阴阳相薄,而电——雷光是电,我这样理解,电是形容词,阳光如电,来电了,春天由此张大了眼。中国地域辽阔,如果要问各地春意如何,我想,南北通感,那便是:春分时节,执两用中、恰如其分、和而不同,正好极妙。

假设,春分时刻,你站在赤道上看太阳,在直射的灿烂阳光里,眩目,也许你还会想——

人不动、地球不转,相对运动,太阳转。高悬太空的太阳转一圈,所用时间,便是一年,一年所走过的路,便是"黄道"。从春分起,太阳往西走,对地球上的人来说,地球和太阳走动的两点分别连线,这便有一个看不到却想象得到的夹角,这个夹角叫黄经。自然,起点时的黄经即为零。我们常说太阳到达黄经多少度,让人理解有些迷糊,其实就是指夹角多少度时,太阳到达的那个点。对黄经,让人困惑之处还有:太阳走的"道",所形成的夹角,为什么用"黄"来命名呢?从春分点开始算黄经度数,又是为什么呢?

古人为何把黄道叫"黄"道?我查啊查,也没有查出一个所以然来。让我猜,我觉得这和中华民族以"黄"为贵的文化有关吧?轩辕氏不是也被后人尊称为"黄"帝吗?!

以春分为黄经零度的原因,资料上说,是"任意的指定"。我觉得这说法太"任意"了。黄道平面一年穿越赤道两次,是谓春分和秋分。春分秋分,昼夜平分,春分后,北半球白天越来越长,夜晚越来越短。

换句话说,春分后,太阳更起劲了,能量越来越大。这对北半球及北半球上生活的人来说,不是最自然最令人心喜的光明之路吗?古人重敬畏,所以,在春分,便施祭日之礼——太阳轮回一周,黄经从零到 360 度(每 15 度一个节气),将计算黄经零度的礼遇给了春分点,除了太阳和地球物象相应外,和体现人类敬畏的祭日之礼,不是有着内在的相通之处吗?

祭日,在古代,极隆重。早在周代,春分就有祭日仪式。《礼记》曰:"祭日于坛。"此俗代代相传承。清《帝京岁时纪胜》说:"春分祭日,秋分祭月,乃国之大典,士民不得擅祀。"如今,虽然没有祭祀之典,但是,在文学世界里,太阳被尊崇,从古到今情思绵延不绝。获太阳之指引,得太阳之启示,受太阳之普惠,春分之时,我也抒抒情聊作祭日的颂辞吧:

太阳万岁!万万岁!!

这万岁之说,不是我的祝愿,而是宇宙中铁铮铮的事实——其实,太阳她,过去不止万万岁,将来也不会只是万万岁的。

茫茫宇宙,地球小,人类更小,上帝派一个太阳来照射地球、照顾人类,真是天大慈悲。领受太阳能,体会当下春色吧!以静静的、安详的、敬畏的姿态。

跟着太阳走一年,从春分开始起步。如驴友,更如蚁,在阳光下,在大地上:小小的我们,就这样谦卑生活吧!

阳光灿烂,人心光明。而今迈步从头越。阳光照耀,在春天里行进。观景得句:

春分即景

春分燕子愁为客,高楼大厦无有檐。
寻寻觅觅难将息,一声呢喃唤江南。
桃花又开三月间,寂静欢喜似去年。
无限春光有限身,春雷叩动离人弦。

春分即景

春分燕子愁為密高樓大廈無
肩擔尋覓難得息一穀呢
啼喚江南桃花又開三月間寰
聲歡喜似去年無限春光有限
身春雷叩動岳心弦

丁酉三月 哈辰書

無茶無酒過
清明與味
蕭然似野僧
昨日鄰家乞
新火曉窗分
坐讀書幻

宋人王禹偁清明
甲午年春暗長書
於古越紹興

清明

人间清明

> 与其说发现了节气,不如说,我们中国人发明了节气。我们有心愿,我们有心跳,有冲动起灵感,我们有创造,于是,天遂人愿。日月盈昃,律吕调阳。
>
> 与其说先人发现了农耕作息时间表,不如说中国历史预设了顺天应人的生活方式,周而复始。
>
> 看重节气,感应节气,从某种意义上讲,就是当下我们慎终追远的敬畏。必须的。
>
> ——作者题记

春天,是我们合伙盼来的。

这当然是唯心的说法。继续唯心,越临近清明,我越觉得我们需要清明,需要清明节。

之前,春天的麻烦不断。立春立意,雨水滴答,春的步伐,细碎摇摆,我们陪着寒一阵热一阵。惊蛰打雷,春分来电,雷电之间,春天趔趄、跳踉,还偶露峥嵘。我们跟着热一阵凉一阵。乍暖还寒,最难将息。

太阳悬空走,到达黄经15°,人间得清明。古书明言:"时当气清景明,万物皆显。""时万物皆洁齐而清明。"我的感触是:走过四个节气的希望,走过四个节气的麻烦,到了清明,要清有清,要明有明,天地通泰,我们要的春天,好"透"了。清明第三候,还规定"虹始见",连彩虹都有了,it can't be better。

这时,最应该来的是雨。这雨,是文化上的雨。文化软实力,连绵、持续给力,年年清明盼望的雨,仅仅因为一首诗——清明时节雨纷纷,路上行人欲断魂。借问酒家何处有,牧童遥指杏花村。

有趣的是,这首名诗却是一桩美丽的错误。据专家考证,她既不是为清明节上坟而作,也不是唐代著名诗人杜牧所作。

文化上,人们常常是不要真相要传说,口头或文字的传说。所以,不管有多少专家多少次指正,每逢清明节,人们还是会念叨这首诗。其因很简单:人们铁定认为这首诗反映了清明时节人们的共同心声。这错那错,心声不会错。

看出来没有?因为需要,所以这首诗就是杜牧写的,就是写给清明节的。其实,从文化史角度看,这早已成为规律了。你说一说,真实的"三国",《三国志》里的"三国",《三国演义》里的"三国",哪一个"三国"对中国人的影响大呢?连在《演义》中败走麦城的关羽,也在《演义》之后的历史演义中,被请入武庙成了神哟!

到了清明,我们要老天配合下雨,其实,我们更要自己表达"思时之敬"——清明不仅仅是一个节气,更是一个隆重的节日。扫墓便是这个节日的核心元素。

春天要清明,中国要清明节。看似两回事,但在中国人的心目中,两者一直都是内在相通的。"梨花风起正清明""路上行人欲断魂",清明及清明节,是外在的,自然的,也是内在的,人文的;是传统的,集体的，也是当下的，个体的。

生而为人，向上仰望，一条生命的长度，让我们够得着的一般不会超过四代。再往上溯，便会模糊。因而，人们的"思时之敬"，可分为抽象和具象两类。

对已故去的、和自己的生命有过交叉的亲人，清明祭扫时，我们怀着更加强烈的感情。这是很自然的事。这里，我要说的不是这类，而是抽象一类的"敬"。

对已模糊了或本来就抽象的故人或神，我们怎么起"思时之敬"？在这方面，我觉得我们中国有化抽象为具体的诸多办法。比如，清明扫墓，我们会在墓园植棵树，每年都会极认真地查看墓碑上的文字，通过墓表，我们无形中就在确定我们家族的传承。再比如，平时的修家谱翻家谱祠堂祭祀等等，都是。这是从小家的角度来说的。从大家、

国家来说,我们祭扫烈士陵园、走访名人故里、祭拜黄帝陵等等,都是为了怀念共同的前辈,追溯我们共同的祖先,都是把抽象化为具体的行为方式。

中国人中国心,"思时之敬",不管具体和抽象,都是我们中国人血脉相通的证明和表达。

需要清明,需要清明节。需要就是一种力量。在这种力量推动下,我学着作首诗,展示我的中国心。《清明·扫墓》诗云:

有雨无雨皆清明,千家万户起幽情。
世上百姓三日祭,泉下魂魄寂无声。
爆竹声震阴阳界,纸钱纷飞通古今。
魂兮归来抖精神,满眼风絮逐流莺。

清明 扫墓

冒雨无雨皆清明千家万户记幽情立上
百堆三日然泉下魂魄家无爆竹声震
阴阳昇纸钱纷飞通古今魂兮归来料捡
神满眼风絮逐流萍

丁酉三月 贤辰书

谷雨

布谷催耕

> 布谷啼春,从春到夏,她总在催促着农人及时耕作。年复一年,在农村这个广阔天地里,布谷是勤勉的励志歌手。叫来叫去,叫唤中,布谷便成了勤劳民族的『形象代言人』。
>
> 布谷啼春,布谷的叫声也在都市的上空回旋。布谷不仅呼唤着春意飞扬、青春飞扬,而且也提醒着都市人凝神回望农耕文明。都市是现代人的宾馆,布谷是都市人的 morning call。
>
> ——作者题记

"三月中。自雨水后,土膏脉动,今又雨其谷于水也……盖谷以此时播种,自上而下也。"(引自《月令七十二候集解》)

认真念一遍,"雨其谷于水",中国先人多么了解雨水又对雨水多么看重哟!"土膏脉动",古人的文字,真令我心折!说的是"土膏",动的是"脉动"。多好的名词和动词。

暮春至矣!春天里的最后一个节气,这时,太阳到达黄经30°。

谷雨,是春天里的第二场雨。

第一场雨润如酥,那是春季里的第二个节气雨水。只隔了三个节气,又盼来一场雨,谷雨这场雨,贵如油。

润如酥,出自诗人的灵感生发,比如天街小雨润如酥,属古典浪漫主义;贵如油,出自农人的千年之叹,春雨贵如油,属传统现实主义。

谷雨之雨,不会只在农人眼里,也一样入诗人之眼。查资料比对,我最喜欢的两句诗是宋人蔡襄的,"布谷声中雨满犁,催耕不独野人知"。野人,应该是山人,是农民吧?!

谷雨有三候:"一候萍始生;二候鸣鸠拂其羽;三候戴胜降于桑。"三候,两候有鸟,两鸟都是好鸟。此文只细说"鸣鸠拂其羽"的鸠。

鸠鸣之声,便是"布谷布谷"。布谷布谷,拟声也。其拟声还有:"播谷播谷"——这是催谷子的;如果到芒种,便是"快黄快割"——这是催麦子的。中国农人最懂这个,催谷子催麦,都是催他们的。催催催,声复一声,布谷便成了民间励志歌手;催催催,春复一春,布谷便成了宣讲中华民族是勤劳民族的"新闻代言人"。想来,以其声为其名,是中国农人先叫起来的吧?

同一种鸟,有不同的叫法(有资料说,布谷有异名四十多个),也不奇怪,奇怪的是,不同的鸟名里隐藏着不同的文化潜规则、潜意识。这是中国文化的有趣可爱之处吧?!这里,不揣浅陋,我试言之——

布谷是农人的,杜鹃、杜宇及子规是诗人的,杜鹃、杜宇及鶗鴂是词人的,而鸠、鳲鸠,主要是动物学家的,虽然它在《诗经》中曾经出现过(《诗经·曹风·鳲鸠》)。

是农人的布谷,总有催春砥砺之意;是诗人的子规、杜鹃,总不免啼血呈现悲怆;是词人的杜鹃、鶗鴂,在悲怆中似乎又生成了含蓄婉约的意绪。这里聊举几例著名的诗句词句,供大家赏鉴。

庄生晓梦迷蝴蝶,望帝春心托杜鹃。(唐·李商隐《锦瑟》)
蝴蝶梦中家万里,子规枝上月三更。(唐·崔涂《春夕》)
数声鶗鴂。可怜又是,春归时节。(宋·蔡伸《柳梢青》)
可堪孤馆闭春寒,杜鹃声里斜阳暮。(宋·秦观《踏莎行》)

布谷叫,那是一定的;谷雨时节,老天下不下真雨,就很难说了。不过,一个带"雨"的传说,却很让后人感念。相传,很久很久之前的谷雨,天下起灾荒,玉皇大帝得知,下令天兵天将,打开天宫粮仓下了一场谷子雨……玉帝下谷雨令,不为别的,只为仓颉,为造字的仓颉。

造字之功甚伟,点燃了中华民族薪火相传的第一把火,"天雨粟,鬼夜哭"。我猜,可能是"鬼夜哭"惊动了玉帝,一调研,发现了仓颉,发现了"仓颉这个人不错嘛!你造福中华,我也助你神力",这才有了一场及时谷子雨。

仓颉造字跟谷雨有关,我想,那时一定已有布谷吧?仓颉的字,后人称为"鸟迹书"。相传他仰观天象,俯察万物,他的观察之中应该包括鸟叫吧?有杜鹃啼血吗?有"播谷播谷"之声吗?

"谷子雨"这类传说,真无法求真坐实。我想,作为后人的我们最应该做的,就是葆有我们对汉字的敬畏。"敬惜字纸",现在还有多少人记得这四个字,又有多少人掂量出这四个字的分量?

鸟在叫,"播谷播谷",布谷催耕,其实,布谷也催收。别的不说,在产茶的地区,这时节,正是一年丰收季。——顺便纠正一个观念,春天是播种的季节,对的;同时,春天也是一个收获的季节。

应时令,谈春茶吃春茶品旧诗。旧诗,还是引宋人蔡襄的吧。"布谷声中雨满犁",好;他的茶诗,也好,有味。

《茶垄》:造化曾无私,亦有意所加。夜雨作春力,朝云护日华。千万碧玉枝,戢戢抽灵芽。

《采茶》:春衫逐红旗,散入青林下。阴崖喜先至,新苗渐盈把。竟携筠笼归,更带山云写。

其实我也写了一首茶诗。放在文末,敝帚自珍一回,算狗尾续貂吧!

谷雨·茶

本是早春一枝芽,自在云山绊烟霞。
敬遵时令随侬去,又随颠簸凝物华。
谷雨仙茶黄金贵,凡夫俗子难当家。
一品香茗荡空肠,诗书情怀满天涯。

本是早春一枝芽
自在露凝鲜烟霞
敢趁時令随懷去
又隨顛簸凝物華
谷雨仙葉黄金貴
凡夫俗子難當家
一品香茗荡空腸
詩書怀懐满天涯

丁酉三月 曾辰书

立夏

立正，向右看齐！

立夏，是中国人的心灵鸡汤，一年一大碗。

『天行健，君子以自强不息。』立夏这一讲，大自然教给我们的是，做、个、堂、堂、正、正的人。

大自然是人类当然的老师，节气是如今中国人当然的必修课程。而，当下的风、当下的雨，还有当下的民俗，当然是我们自习时正在修的功课了。

——作者题记

  曙光初照演兵场，一彪人马入场列队，于凌乱的脚步声中，一个高音凌空穿越：立正，向右看齐！

  这阵式，这气派，这境界，我觉得，和岁月轮回中的立夏，极其相似，特别是在中国人的眼里、中国人的心上。

  先来看看"夏"这个字。

  在甲骨文和金文中，"夏"是一个人的象形，四肢发达、昂首挺胸、威武活泼。《说文·夂部》："夏，中国之人也。从夂，从页（人头），从臼。

臼,两手;夂,两足也。"很显然,"夏"是一个顶天立地的"中国之人"。"中国之人"之"中国",最早只指中原那一块,即黄河中游流域。"夏"字,有人说最初表示中原古族的图腾。图,是不是腾?得考证。不过,这说法听起来很靠谱。

有了"中国人"的本义,"夏"字在文字演进中、在文明发展中,有了更大的担当和更宽广的舞台:中国第一个朝代叫夏;华夏、诸夏相袭沿用至今,当然,如今的华夏并不仅仅指中原,而是指整个中国;一年的第二个季节,阳气最旺,叫作夏季⋯⋯无疑,夏的含义已随历史进入了中华文明的基因图谱。

明白了"夏",立夏就很容易"立"起来了。太阳到达黄经45°,"万物至此皆长大"。不过,在此要特别说明的是,南北立夏有别:南方的立夏,百般红紫斗芳菲,万物开始夸张;北方的立夏,还在向往着南方的"桃红柳绿""红杏枝头春意闹"。虽如此,在我看来,不管北方的春天晚几步也好,南方的景色更浓更水灵也罢,立夏时节,"夏"的含义在张扬着,阳气飞腾天地间,于人,便生豪情,便有一股英雄之气,激荡。换句话说,大自然是人类当然的老师,节气是如今中国人当然的必修课程。立夏,是中国人的励志视频。——向阳,向阳,《平原游击队》里的著名抗日英雄李向阳,是生于立夏吗?!

很久很久之前,还有帝王的时候,立夏之日,帝王须亲率文武百官前往京城南郊,举行迎夏仪式。君臣皆着朱色礼服,配朱色玉佩,连马匹、车旗也得是红的——"我的热情,好像一把火,燃烧了整个沙漠⋯⋯"

后来,渐渐没了帝王,也没了迎夏仪式,不过,在岁月中形成的立夏习俗,却年复一年在大地上生长,在人心上"颤动"。

立夏这天,用红茶或胡桃壳煮蛋,所煮鸡蛋称为"立夏蛋",人们会拿"立夏蛋"相互馈送,还会用彩线编织蛋套,挂在孩子胸前,或挂在帐子上。这就是立夏蛋挂心。挂,形声字,从手,主声,其本义为支撑。除了挂心给心以力量外,民间还有挂脚、挂眼的讲究。

挂眼,吃的是豌豆。没有豌豆,我想,其他赤豆、黄豆、黑豆、青豆、绿豆也行吧,一搅和,便是"立夏饭"了。

挂脚用笋。在浙江宁波,立夏要吃"脚骨笋",用乌笋烧煮,每根三四寸长,不剖开,吃时要拣两根相同粗细的笋一口吃下,说吃了能"脚骨健"(身体康健)。

闽南地区,立夏吃虾面,海虾煮熟后变红,红为吉祥之色,而虾与夏谐音,寓意分明。

立夏称人的习俗更广泛。吃完立夏饭后,在横梁上挂一杆大秤,大人双手拉住秤钩、两足悬空称体重;孩童坐在箩筐内或四脚朝天的凳子上,吊在秤钩上称体重,谓立夏过秤可免疰夏。我曾欣赏过立夏称人剪纸,当时我还附合了两句打油:"箩筐称人秤杆平,热热闹闹长精神。"

很显然,立夏的民俗多多,各地有同有异,不过,论起来,"条条大路通罗马",从一地一人的角度来看,表达的都是祈求身心强健的美

好愿望。用现代话来说，便是：立夏，是中国人的心灵鸡汤，一年一大碗。如果从历史的角度来阐发宏大的观点，立夏习俗体现的可是华夏敬遵时令渴望威武强大的民族愿望，且，这一愿望年复一年，在岁月中累积成了我们中华民族的文化基因。

"天行健，君子以自强不息。"立夏通过习俗，反复叮嘱华夏子孙：立正，向右看齐！

身为男儿，立夏更有怀，曰《龙吟》：

> 君临天下东方红，旦复旦兮复无穷。
> 太初有道非常道，混沌开窍①舞头龙。
> 人龙蜿蜒立于夏，呼儿嗨哟似长虹。
> 喧嚣阵阵众生乐，芳草萋萋连苍穹。

注❶ 混沌开窍——《庄子》有寓言："南海之帝为儵，北海之帝为忽，中央之帝为混沌。儵与忽时相遇于混沌之地，混沌待之甚善。儵与忽谋报混沌之德，曰：'人皆有七窍，以视、听、食、息，此独无有。尝试凿之。'日凿一窍，七日而混沌死。"混沌开窍后，其魂魄化成盘古、女娲、伏羲、炎帝、黄帝……

立夏 龍吟

君臨天下東方紅旦復
旦兮復無窮太初有道
非常道混沌開穹籟頭
龍人龍蜿蜒立于夏呼
兮嗨喲似長虹祢重柱
番邦簡樂芽似篆二連
蒼穹

丁酉
晗辰書

春来默默碧田头，簪者丁夏乘兴事休。甘霖夜淋厅心满，田间早麦已逢穗。

甲子九月 習之

小满

现实已小满,小麦已小满

> 小麦是小满时节的理想代表。万物长于此少得盈满,麦至此方小满而未全熟,所以,这个节气的名儿为小满。小满时,万物皆呈小满之象,人们最爱拿小麦说事。是因为她更能代表丰沛的希望吗?!
>
> 这是中国麦农的幸福时刻。小满时节,小麦青青,在希望的田野上,带着丰收的期盼和分量,躬身低首,随风谦卑。当然会招惹麦农自豪而爱惜的打量。盯住自己的一亩三分地,打量、盘算。这是中国农民的小心眼吧?也许。不过,小心眼里可满是喜悦。感叹!这种季节性喜悦,欣欣然已持续千年之久了哟!
>
> ——作者题记

靠什么养活中国人?

我想,主要有两样。一样是大米(芒种时将聚焦水稻),一样是小麦。自从有了这两样,自从这两样种植上了规模,大地上的人群,便有了与茹毛饮血全然不同的生活方式以及由此触及的命运走向——插一句,看历史,拿粮食说事、看人们有没有吃的了,是一个看似很巧、实则核心的思维方式。

在历史长河中,有两个重要的过程。一个是小麦的"经济地位"不断提升,一个是中国先人形成"节气"观念。有趣的是,这两个过程在起始阶段明显有过"协同作战"(*农耕文明,必然如此啦*)。

大致说来,"节气"最初形成在春秋战国时期,到秦汉年间,二十四节气已完全确立。而小麦的"历史演义"的进程是:商周时期,小麦已入中土,春秋时期,因为耐寒的特质被先人们所认识,于是有了"冬种夏收"的"冬麦"生产。而"冬麦"的种植,无疑是一个历史拐点。由此,先过技术关,再过面积关(*种植上规模*),在历史贡献榜单之上(*粮食专项*),小麦大步向老二的高位迈进(*唐宋时期,小麦的历史地位基本确立*)。

很显然,"节气"形成和"小麦"地位提升,两个历史时段相契合,很自然地,"物至于此小得盈满",找一个"小得盈满"的"代表",最有"代表性"的,便是"小麦"了。于是,小麦颗粒处于"小满"光景时,节气便称为"小满"了。或者说,节气"小满"到了,农作物也就长得形势喜人了——节气和物候"二合一",皆是"小满"。

小满是二十四节气中的第八个节气,太阳到达黄经60°。古代将小满分为三候:"一候苦菜秀;二候靡草死;三候麦秋至。"自然,第三候麦秋至,指的是小麦小满,不待多言。回看第一候,苦菜秀。苦菜也作秀?哈哈,苦菜枝叶繁茂,说她作秀也挺好。第二候,靡草死,是指喜阴的一些枝条细软的草类,已过活力迅猛的青春期,在强烈的阳光下开始打蔫枯萎。《月令七十二候集解》说:"四月中。小满者,物至于此小得盈满。"

如果这时有记者跑到田头问新型农民:"你幸福吗?"记者一定

会得到他想听到的回复。是的，小满时节，是农民把希望撑得最满的时刻。如果记者再追问："帅哥，你听说过'理想很丰满，现实很骨感'这样的说法吗？"我想，新型农民一定修正记者的"潜意识"，大声说道："丰收在望呀！你来一点正能量好不好？应该是——理想很丰满，现实已小满。"

"从明天起，关心粮食和蔬菜"，对中国人来说，论历史贡献，小麦排在大米之后，名列第二。算起来，老二的地位是从南宋开始呈现的吧？南宋初年，北方人大批南迁。"我是麦霸"，北方人好这口，小麦的需求量陡增，需求带动生产，大致推断，到了南宋，全国小麦总产量已经接近谷子，或者超过谷子。往下算，据明宋应星《天工开物》的记载来估计，当时小麦约占全国粮食总产量的15%多一点。到如今，在世界范围内，有三分之一以上人口以小麦为主要食粮。在中国，在各种农作物中，小麦栽培面积和总产量均居世界第一位。很显然，其重要性仅次于水稻。可以说，没有小麦，年年青黄不接。关心小麦，不仅仅是舌尖关心一种吃的东西，更是我们的大脑在关心——在人养物、物养人的过程中关心中国人的命脉、民族的命脉，甚至是人类的整体命运走向。

从小满说到小麦，再从小麦说到小满。《尚书》云："满招损，谦受益，时乃天道。"《易经》亦云："天道亏盈而益谦。"人道与天道合，凡事不得太满。故，"小满"之后，并无节气叫"大满"。领悟"小满"，做人要低调哟！

小满 · 真如[1]

真如池塘生春草,依山临水茅舍好。
麦穗初齐花蕾鲜,豆蔻梢头村姑俏。
插秧点破水中天,不碍闲云自在飘。
自然之道勿太极,满好满好满带小。

注❶ 真如——真是真实不虚,如是如常不变,合真实不虚与如常不变,谓之真如。又,真是真相,如是如此,真相如此,故名真如。

鸟如池塘生春艸绕山临水第舍好麦穗初齐艺蕾鲜豆蔻梢头村姑俏插秧点破水中天亦磷潲云自在飘自然之道乃太极满好满带小

丁酉 兴辰书

芒 种

种稻得道

"乡村四月闲人少,才了蚕桑又插田。"谷麦有芒,人间繁忙,这时节,你不得不感叹有句话讲得太对了:中华民族是勤劳的民族。

种什么吃什么,不仅仅是物质层面的事,几千年之久矣,种的什么吃的什么,早已从耕作中、从肉体上深入到骨髓里、性格中、精神上了。水稻系五谷之长,中国农耕文明,简言之,种稻得道。

——作者题记

节气排序,芒种排老九。芒种,也可分开说,芒和种。芒,指的是作物的芒。这时节,小麦,成熟在望,等待收割,水稻(也有无芒的水稻),尚在幼年,培育的秧苗正青葱,等待栽种。芒来了,就得忙,"芒种芒种,样样都忙"。史称"三夏大忙"(夏收、夏种、夏管)。

"栽秧割麦两头忙",小满说小麦,到了芒种,芒种说水稻吧!

先造一份水稻的简历。

野生稻——人工栽培稻——五谷之一——五谷之长——超

级稻——

在湖南道县玉蟾岩，考古发现了几粒野生稻谷，距今一万两千年，人工栽培稻谷若干，距今一万年。

在宁波余姚河姆渡，考古发现由稻谷、稻秆、稻叶和木屑、苇编构成的稻谷堆积层，平均堆积厚度20～50厘米，最厚处超过100厘米。有人估算，河姆渡的谷子库存量有近百吨。稻米的数量及历史，真令人惊叹。

在中原，最初人们称谓的"五谷"（多指黍、稷、麦、菽、麻），并没有水稻大米。不过，到了宋朝，在全国范围内，水稻得到大面积推广，其作用和地位得到大幅度提升。相应地，有人说，水稻改变了中国历史进程。

是的，自从水稻成了主要粮食作物，中国历史的面貌全然不同了。比如，人口明显增加了。北宋以前，中国人口从未超过6000万，北宋以后，人口急剧增加，到清朝末年达到了4亿。再比如，王朝更迭周期比过去延长了。从秦始皇到北宋建立之前，平均每个朝代只有100多年的时间，而从北宋到清朝灭亡，一共只有北宋、南宋、元、明、清五个王朝，平均寿命接近200年。

食为天，在舌尖上树立起来的"五谷之长"地位，至今无人撼动。有资料说，我国水稻播种面积占全国粮食作物的四分之一，而产量则占一半以上。全世界一半以上人口的主食是稻米。在亚洲，约20亿人口的生活所需的能量中，60%～70%来自稻米和它的副产品。在漫长的历史中，水稻是中国人所能寻觅到的最理想的粮食作物。

人类发展，水稻也超级。所谓超级稻，指的是超高产水稻。"中国最著名的农民"袁隆平就是在这个领域闻名的。2011年9月19日，杂交水稻之父袁隆平院士指导的超级稻第三期目标亩产900千克高产攻关获得成功,其隆回县百亩试验田亩产达到926.6千克。有资料说,2011年每公顷生产的稻米可养活27人,到2050年,每公顷必须养活43人。在这样的形势下,超级稻的意义不言而喻。

扫描了水稻的简历,我们再来看看水稻对我们精神的影响。

《本草经疏》曰:"稻米即人所常食米,为五谷之长,人相赖以为命者也。其味甘而淡,其性平而无毒,虽专主脾胃,而五脏生长,血脉精髓,因之以充溢,周身筋骨肌肉皮肤,因之而强健。"一部中国文明发展史,没有水稻的"接济",是不可想象的。对中国人来说,稻就是生命,就是生命支撑。

人养稻,人得道。中国人吃大米已万年,大米当主食也已千年,很自然,水稻大米对中国人的生活和生存,对中国人的精神和文化的制约和影响是基础性的、指导性的。

面朝黄土背朝天,"为什么我的眼里常含泪水?因为我对这土地爱得深沉……"年复一年的忙碌,我们种出了庄稼,也种出了勤劳,种出了一个辉煌的农耕文明。"与大地贴得更近,看天空才会更远。"袁隆平的话是农民的、也是哲人的吧——真农民有真智慧。

《中华人民共和国国徽法》中规定,"中华人民共和国国徽,中间是五星照耀下的天安门,周围是谷穗和齿轮"。(在此要说明的是,有专家指出,国徽上的图案应该是"麦稻穗",而不是"谷穗")显然,国徽上的"谷穗"或"麦稻穗",鲜明地标明了水稻,还有小麦在我们国家的地位和作用及影响。

最后,来个趣事当花边。大米分粳米、籼米和糯米。问题是,"粳"字怎么读?中国科学院院士张启发教授说,《新华字典》里读"jīng"读错了。"吃了一辈子稻米,做了几十年的水稻研究,也知道此字读'gěng'有几千年,突然某一天有人告诉你此字不读'gěng',读'jīng',是否应该追根溯源,讲讲道理?不要说是从事水稻研究的科学家,就是一般稻米生产者和消费者,也可能要问问为什么。"张启发院士还表示,"粳"字读音意义重大,作为一个水稻人,他不能不较真。这类事,真不是谁和谁有意较着劲,而是,通过争论让我们都回归常识和理性——这句话算我的评论吧。

吃米饭喝米酒,芒种更有怀。

芒种·咏稻

囊橐萧瑟先民难,育稻飘香始安然。
食为天兮五谷长,赖以为命续千年。
农夫芒种哪得闲,劳作寻得幸福源。
阴晴风雨何须料,青青水稻慰心田。

囊橐蕭瑟先民難育稻
飄香始如坐食為天兮
五穀長賴以為命續中
今農夫芸種哪得閒勞
作哥得幸福源陰晴風
雨何須料春二永稻慰
心田

丁酉 明民書

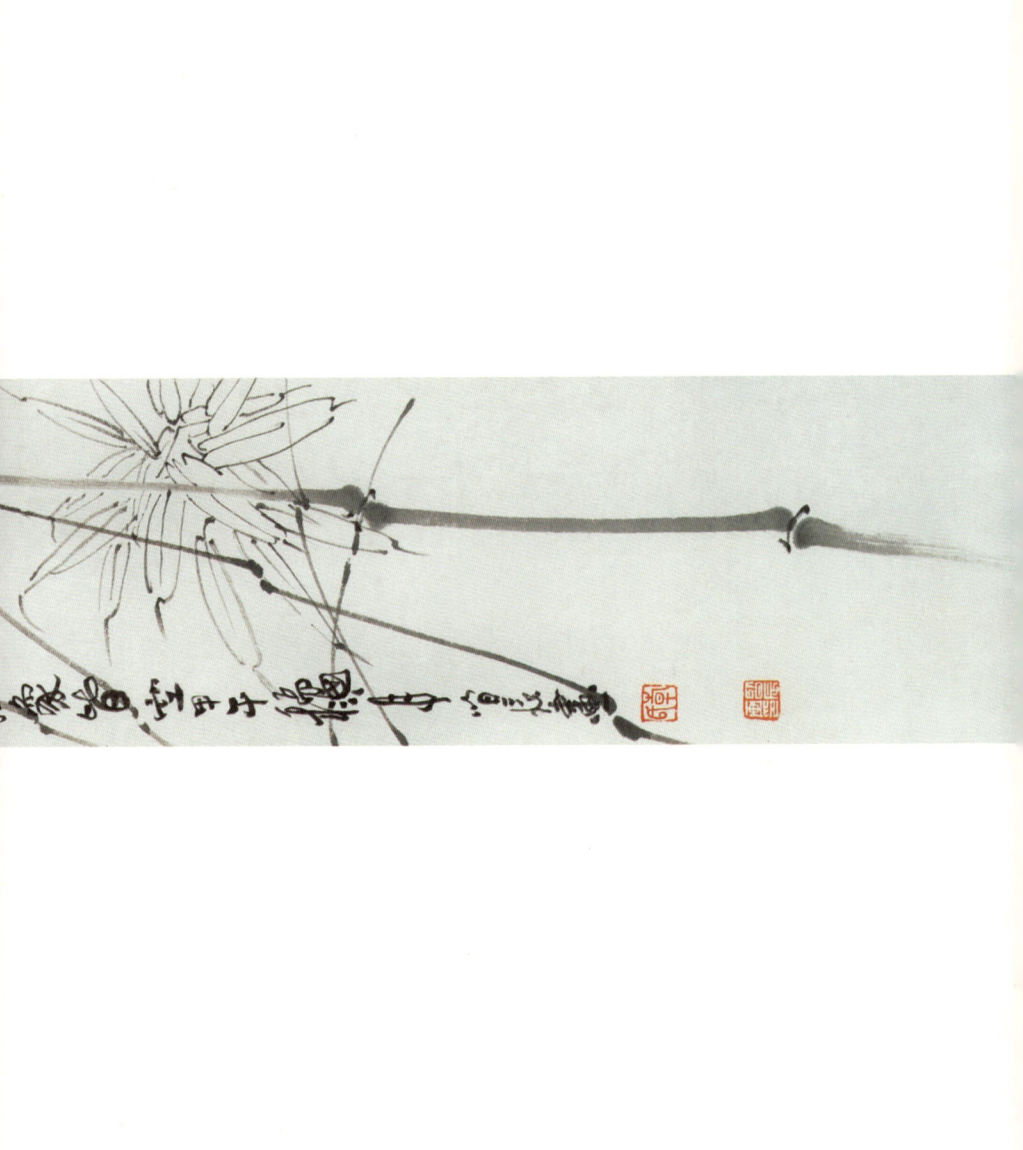

夏至

青梅煮酒

> 从节气的角度看，时间不过是一个圆环，任何一点转过了，都会在来年回归。夏至是中国人最早发现的节气，它和冬至一样，每次它来，它都会在圆环上闪耀更加夺目的光芒。
>
> 过去，天气指天之气，天大气足，可气贯长虹，可气象万千。如今，天气几乎等同于天气预报中的那几项指标。是人们生活简单了，还是习惯了格式化的现代生活呢？
>
> ——作者题记

平地上树一根杆子，任太阳照耀，太阳走，杆子的影子也走（古代，那根杆子叫表，一般长八尺，与人的身高等长。杆子影子落脚的地方叫土圭。土圭测影，想来是人影测日影的合理延伸吧）。一天里，太阳上中天即午时时分观影（多嘴：午时概念一出，一天便好两分了，前面是上午，后面是下午），一年当中有两次最特别——影子最长和最短。影子最长是冬至，最短是夏至。据《恪遵宪度抄本》："日北至，日长之至,日影短至,故曰夏至。至者,极也。"夏至这天,太阳直射地面的位置到达一年的最北端,几乎直射北回归线,北半球的白昼达到最长,且越往北昼越长。如海南的海口市这天的日长为13小时多一点,杭州市为14小时,北京约15小时,而黑龙江的漠河则可达17小时以上。不过,自此日起,白天的辰光会逐步减少,夜晚时长逐渐增加。民间谓:"吃过夏至面,一天短一线。"

还是那根树在平地上的杆子。影子长短有数,杆子立在哪里也有分别。树在地中处,夏至时杆子的影子便不东、不西、不南、不北。或者说,影子不东西南北时,那个杆子所站立的位置便是地中。《周礼·地官·大司徒》:"正日景以求地中……日至之景,尺有五寸,谓之地中。"孙诒让正义:"地中者,为四方九服之中也。《荀子·大略篇》云:欲近四旁,莫如中央。故王者必居天下之中。"中原人特看中这个"地中"。也许,这就是河南人爱说"中不中"的源头吧?!也许,这就是中国人有身居中央有大国豪迈意识的最初根由吧!

纸上用土圭度量时光,仍在纸上,再来度量一下夏日风情吧。

煮酒,上青梅,有请丞相大人、诗人、英雄曹操登场——夏至时节,盛夏三伏即将来临,我们看看非常之人是如何消夏的(下引《三国演义》第二十一回):

一日,关、张不在,玄德正在后园浇菜,许褚、张辽引数十人入园中曰:"丞相有命,请使君便行。"玄德惊问曰:"有甚紧事?"许褚曰:"不知。只教我来相请。"玄德只得随二人入府见操。操笑曰:"在家做得好大事!"諕得玄德面如土色。操执玄德手,直至后园,曰:"玄德学圃不易!"玄德方才放心,答曰:"无事消遣耳。"操曰:"适见枝头梅子青青,忽感去年征张绣时,道上缺水,将士皆渴;吾心生一计,以鞭虚指曰:'前面有梅林。'军士闻之,口皆生唾,由是不渴。今见此梅,不可不赏。又值煮酒正熟,故邀使君小亭一会。"玄德心神方定。随至小亭,已设樽俎:盘置青梅,一樽煮酒。二人对坐,开怀畅饮。

酒至半酣,忽阴云漠漠,骤雨将至。从人遥指天外龙挂,操与玄德凭栏观之。操曰:"使君知龙之变化否?"玄德曰:"未知其详。"操曰:"龙能大能小,能升能隐:大则兴云吐雾,小则隐介藏形;升则飞腾于宇宙之间,隐则潜伏于波涛之内。方今春深,龙乘时变化,犹人得志而纵横四海。龙之为物,可比世之英雄。玄德久历四方,必知当世英雄。请试指言之。"玄德曰:"备肉眼安识英雄?"操曰:"休得过谦。"玄德曰:"备叨恩庇,得仕于朝。天下英雄,实有未知。"操曰:"既不识其面,亦闻其名。"玄德曰:"淮南袁术,兵粮足备,可为英雄?"操笑曰:"冢中枯骨,吾早晚必擒之!"玄德曰:"河北袁绍,四世三公,门多故吏;今虎踞冀州之地,部下能事者极多,可为英雄?"操笑曰:"袁绍色厉胆薄,好谋无断;干大事而惜身,见小利而忘命:非英雄也。"玄德曰:"有一人名称八俊,威镇九州——刘景升可为英雄?"操曰:"刘表虚名无实,非英雄也。"玄德曰:"有一人血气方刚,江东领袖——孙伯符乃英雄也?"操曰:"孙策藉父之名,非英雄也。"玄德曰:"益州刘季玉,可为英雄乎?"操曰:"刘璋虽系宗室,乃守户之犬耳,何足为英雄!"玄德曰:"如张绣、张鲁、韩遂等辈皆何如?"操鼓掌大笑曰:"此等碌碌小人,何足挂齿!"玄德曰:"舍此之外,备实不知。"操曰:"夫英雄者,胸

怀大志，腹有良谋，有包藏宇宙之机，吞吐天地之志者也。"玄德曰："谁能当之？"操以手指玄德，后自指，曰："今天下英雄，惟使君与操耳！"玄德闻言，吃了一惊，手中所执匙箸，不觉落于地下。时正值天雨将至，雷声大作。玄德乃从容俯首拾箸曰："一震之威，乃至于此。"操笑曰："丈夫亦畏雷乎？"玄德曰："圣人迅雷风烈必变，安得不畏？"

观看了这段历史剧，不禁生疑：

第一，"盘置青梅"，到底是什么样的梅？青梅，自然是酸的，莫非古代的人，当英雄的人不怕酸，直接食用青梅？如果英雄的嘴和凡人的嘴一样怕酸，那我就有理由怀疑曹操"盘置青梅"，应该是"盘置黄梅"才对胃口的。用青梅，讲"青梅煮酒"而不讲"黄梅煮酒论英雄"，我怕只是为了成就中国文化上的"胃口"吧。

第二，《三国演义》第二十一回，虽然没有言明时节，但青梅在盘，想来是夏至前后，我借《三国演义》来说英雄消夏之举，亦算演义。有何不可？在此，我的疑问是，温度那么高，吃的酒，还用火煮，为什么？我也查寻了一番，可能三国时的酒，不如现在的酒好，只能煮一下才能入嘴才好吃吧？也许。仍存疑。

第三，现在有青梅酒。为了写此文，我还专门买了几瓶，吃，有酒味也有酸味。我的疑问是，三国时，有这样用青梅泡的酒吗？想来，一边吃青梅，一边吃酒，一下肚，不也是个泡吗？

读书生疑可以不去理睬疑问，回到历史现场，看曹操和刘备斗嘴，也不知盘中的青梅、煮着的酒，吃了一些没有？可供我们借鉴的是，夏至时，我们也可以吃青梅吃米酒，品尝一下舌尖上的英雄气概——在一个没有英雄的时代，在一个格式化生活的时代，这也算是豪举吧？！

江南，夏至至，梅雨亦至，此时的江南起云烟，另有一番气象：

云烟·夏至

阴晴难定六月芒，云烟水磨观气象。
雨滞江南梅泛黄，冷暖缠绵情何状。
黑夜短兮白昼长，杨梅酒里品时光。
春风化雨空蒙过，诗人心结凝丁香。

云烟夏至阴晴难定六月芒种烟雨蘑菇观气象雨滞江南梅泛黄冷暖缠绵性何状黑夜短兮白昼长杨梅酒里品时光春风化雨空蒙邂逅诗人心绪漾

丁酉哈辰书

夕陽已下月初生小暑才交兩漸晴
古人已往言猶在未俗何為未了緣

南北平均雙向直乾坤卦值八方郎
艸蟲亦為予漾聲和吟聲甲午晴長作

小暑

花儿绽放

在农历的天空下,日月如梭,暑来寒往,同一节气,也会在不同的年份呈现不同的内涵。沉淀,有些新内涵便会固定下来。换句话说,新的内涵不断充实丰盈着节气文化。

是的,由此,我们可以说,中国的节气文化是古老的、丰盈的,又是开放的、青春健壮的。不信,看看小暑时节的人间新气象吧!

——作者题记

    我们总是把下一代比作花,甚至上升到国家战略的高度,叫祖国的花朵。

    这个比喻,挺好的,真的挺好的。小暑时节,如一声令下似的,全国学校因暑放假名曰放暑假。借此良机,就让我们展望祖国下一代,看看花儿在我们眼前绽放那瞬间的容姿——"传染",说不定我们也心花怒放起来!

    小朋友,可真是很小的小朋友啦,像蜜蜂一样,"嗡"的一下离开窝——那可爱的幼儿园。转眼之间,他们便在小区里蹒跚走起来,在公园里"咿咿呀呀"说开来。

小学生们，昨天刚考完期末，今天就像展开翅膀的小鸟，到处乱飞扬。那份欢快——长大的我们，也不会陌生的哟。

初中生们，更多的是青春期将至的"症候"。放暑假了，要好的同学总少不了打家里的电话，少不了约着到某某地方玩，还有电脑游戏心得之类要交流，虽然不可能完全避开父母的监管，可是，总得想点小技巧和父母较较劲吧！

高中生呢，暑假当然要玩一下的，不过，和初中生相比，他们的身体长得已像大人似的，自然也更懂事些。于是，他们有了不同的暑假任务——在现有的教育体制下，他们有什么样的任务，也就不难猜测了。

初中生、高中生之中，当然会有考生——中考生和高考生。紧张的考试刚过，考生们会松一下。不过，新问题又来了——和同学分手告别啦，思考前面的路朦胧啦，父母的过度关怀和避不开的唠叨哟！如此等等，皆可归到成长的烦恼之中。当然，以考分分类，考得不理想的考生，他们面临的问题也许更多——也许因为更早面对更多的问题，他们中的某些人将来会在社会这所大学里取得更好的成绩的。

这时节，小学生们在奔腾，大学生们在奔波。没毕业的，奔波着要到社会实践实践；毕业的，奔波着让社会接纳下来。所有这些，加在一起，应该算是一道正当时令的人生风景，应该算是一股扰乱惯常生活的新鲜力量吧！如果还用花儿来比拟，那就是百花齐放了。当然会有风雨来，年轻，不怕。

暑，热也。拆字，有人用上"日"下"者"来示意。"日"，当然指太阳，"者"，指人，又不仅仅指人，还包括世间万物，所以"暑"就有太阳

发热发光、笼盖寰球之意。也有人把"暑"拆分成"日""土""日",以此来表示夏季土地上下都很炎热,并用"小暑、大暑,上蒸下煮"这条民间谚语来佐证——中国人拆字,总是这样,对不对无所谓,讲起来却挺有趣。这就够了。

  热,自然会带来"热"景致。这时节,最美的是在黄昏之后。从白天的酷热中缓过劲来,人约黄昏后,各自寻爽快。要看最热闹的,自然是都市里的体育运动场所。有跳舞的,有跑步的,有闲走的……各具神态。点缀各种神态之中的,当然有学生们——大的,小的,都有。那是最活跃的力量,看起来,也是新生力量。放假了,他们自然会跑到平日里不常来的地方,乱窜乱跳。哟!新陈代谢过程中有一道闪耀的美丽,有点鲇鱼效应吧!他们是旧秩序的破坏者,也是新秩序的创造者。

回望，我们相信，现在不少城里的人们，会不时回望传统乡村那种树下纳凉听长辈讲传说讲鬼故事的夏夜情境。可是，时间往前走，与城市越来越成为更多人生活家园的情形相比，小暑节气涌现的新气象，无疑带着历史的必然性。看着小暑时节的人间新气象，我们不得不说，在农历的天空下，日月如梭，暑来寒往，同一节气，也会在不同的年份呈现不同的内涵。沉淀，有些新内涵便会固定下来。换句话说，新的内涵不断充实丰富着节气文化。是的，由此，我们可以说，中国的节气文化是古老的、丰盈的，又是开放的、青春健壮的。

花儿绽放，候鸟展翅。放假了，父母在城里打工的乡村学生，会像小候鸟一样，飞向都市。想起歌曲《隐形的翅膀》，作诗曰《小暑·小候鸟》：

一年一度暑气升，学童雀跃出校门。
人间热情起风凉，候鸟纷飞向都城。
少年筑梦不自知，父母殷切寓深情。
一家兴兮中国兴，缤纷如花梦始成。

小暑懒童
学童纷纷离校所
留守候时间都城
暑假避暑不避学
报班补习声查勤
教育重考最重分
若谈理想局外人
是假非假怜童苦
溺水悲戚人惧闻

丁酉三月
曾辰书

赤日几時過 還清風無處覓 景經晝鄰枕簟 瓜李漫浮沉 蘭苕靜 又夏靜茉落深深 又深炎炎蒸乃 許斯更惜兮 阮宗之嘗記句
甲午年小暑後晟於古越紹興

大暑

观荷听蝉

> 看到美,还不一定美,只有当我们体察到美里隐隐闪现着『生生不息』的蓬勃意绪时,那才是货真价实的审美、物有所值的审美、内涵丰富的审美。大暑时节,观荷听蝉,随物动静,方得消暑之妙趣。又得浮生一日闲。
> ——作者题记

暑天,有意无意,人们总爱抱怨一下——"热死了"。可是,岁月轮回中,老天是不会无缘无故散热的。既然如此,乐观的人自然会想明白:不如就此趁热享受一下天热时的风景!

太阳到达黄经120°,太阳很是特别。只要出门,不难发现,阳光是白的,真灿烂。抬头看天,太阳白炽的光芒直直地射向人眼。谁也不敢正视,除了云。天上的云,不怕照射不怕热,悠闲于辽阔的天庭之上,不重不轻,浮在空中,点缀着淡蓝色的天幕,好久也不动一下。

太阳当头时,就是一个大老爷们,打一把雨伞来遮挡,也没人非议你矫情。不过,如果你来一个浪漫的提议——此时,到池塘看看荷花如何?那一定遭人非议——嘿嘿!世上好多有意思的事就是这样,看似另类、荒唐,其实却具情趣。情趣之事,还是因人而异为好,根据你的性格,不怕非议或者只做不说去偷看荷花,如此等等,悉听尊便。

骄阳下的荷塘,别具一番风景:暑气蒸腾之中,池水是静静的。荷叶是大的,浓绿的,或者准确地说,大多是大而浓绿的。因为,时值青春正壮年,荷花她理当如此。不过,也有迟到者——青翠翠的小荷叶,高低错落点缀荷塘,虽然有些晚,但也不失夏时。阳光当然狠,大而浓绿的荷叶,在阳光的穿越下,层次分明,彰显出丰腴而清爽的肉感来。塘里的水是热的,也是静的,微风之下,也有微澜。如果往水的幽深处打量,会看到夏天的高远和高远处的白云片片。蓝的天、白的云、绿的荷叶,还有红的荷花,这时节,除了热以外,一切都是完美的。

"莲子已成荷叶老。"荷花不仅开花,还有果,这便是莲子。天热,莲子也长成了。讨口彩,莲子也称"怜子"(翻译成现代白话,大约等于"爱怜我的那个她"吧)——这就是爱情或似爱情的深情了。为了表达我们的爱,在这里,我们也用不同的昵称来叫唤荷花吧:芙蕖、水芝、芙蓉、菡萏、六月春、水华、溪客、碧环、玉环……不同的名儿里自然会有人们不同的爱怜。

当然,午时观荷,是要有勇气和机缘的。不过,时代已"后现代"了,更多的人欲享受时令风情,上网看手机即可,微博微信上多的是色友们拍下的荷花近照。采莲?也不必亲到西洲南塘。城市街角处,荷农荷担前来叫卖,便有,也挺新鲜的。不过,莲子还是挺立在荷花丛中,最有情趣。

正合时令的雅事,除了观荷,还有听蝉。听蝉,最好在黄昏之后。吃了晚饭,太阳也已下山去了,暑气消减了好几分,晚风吹来,还会带来几分清爽的感觉(早晚已有凉意,便是大暑区别于小暑的微妙之处。细心体会,可感知无声无息流逝的光阴)。这时,本来是很易闹心的蝉鸣,也生出几分闹中取静的雅兴来。

蝉的一生真不容易,科普一下:蝉小时候叫"若虫"(这当然不是它的专名,"若虫"有点像人类把小孩叫"宝贝"一样),潜伏在地下,吸吮植物根部的汁液,长达三至七年(北美洲的蝉有长达十七年的),默默成长,默默打造向上、向光明的生命通道。夏季来临,钻出地面,爬向树干,从自己的躯壳中挣脱,在太阳下,嫩嫩的肉身变硬变黑,由此完成生命的"蜕变"。人们这才叫它为"蝉"。

当它被叫作蝉时,它的生命便进入了倒计时。这时节,在人们看来,鸣叫便成了它唯一的生命形式。那是求偶。鸣叫没完没了之后,偶成,雄蝉死,雌蝉产卵后,约一周,亦死。生命交接,那些蝉卵又得潜入地下,宿命,进行新的轮回。蝉的生命如此折腾,如此辉煌,如此短暂,如此美丽。

好几年的生聚,只两三月的激越。如此情形之下,如果我们只用求偶来解释蝉鸣,那也太生理、太机械了。也许它更像人类的艺术——按"艺术是性本能的升华"来理解,蝉鸣,声嘶力竭,不也是本能的升华吗?!是生理行为,亦是生理行为的升华——生命的转化和升华。

由蝉的呐喊,我想到,呀,在我们的审美活动中,生命意识的有无和张扬与否是极为重要、极为核心的。没有这个生命意识,所谓的美,便是空洞的,不过是一个影子、一张皮而已。只不过,有些审美,我们更容易关注其中的生命意识,如,寒霜之下的劲松;有些审美,我们很容易忽视其间的生命流动,比如观荷。

午时观荷是审美,可以怜子;黄昏听蝉,也是审美,也可以听出生命的欢歌。大暑时节,二合一,作为灵长动物,如果能将生命意识、生命体验注入我们所谓的庸常生活并从中获得审美愉悦,那么,你我的生命,也不算枉走尘世一遭。

时令感叹,得句如此:

大暑·咏荷

雍容华贵迎骄阳,暑气蒸腾花无妨。
接天荷叶无穷碧,带蕊莲蓬映池塘。
夏日炎炎何人至?月色清淡晚来凉。
小舟轻移暗香动,嘀嗒[1]隐约过耳旁。

注❶ 嘀嗒——是闹钟的秒针走动之声,也是一流行歌曲之名。为侃侃所唱,先在丽江响起,后流传全国。有淡淡的岁月之感。其词曰:"嘀嗒嘀嗒嘀嗒嘀嗒时针它不停在转动……嘀嗒嘀嗒嘀嗒嘀嗒整理好心情再出发……"

雍容華貴迎驕陽，暑氣蒸騰花無妨，搖天詢葉栗窮碧，帶蕊蓮蓮映池塘。夏日炎炎，何以至月色清淡晚來凉，小舟輕駛暗香動，喃喃隱約邈耳旁

丁酉三月 肖晨書

獵豹寓人千里澤團聚穩心沒了緊張閒所賞新年輕搖摧西根吹殘雪賞秋三秋妙哉

立秋
悄然入秋，悄然发呆

> 一叶知秋。每一片叶子都收藏着一个丰富的四季。
> 节气，不仅仅是自然的，随时令而转；也是人为的，历久弥新。所以，节气是过去的，也是当下的；是民族的，也是个人的。
> ——作者题记

　　有一个成语叫"一叶知秋"。不用多少智商就能明白，它的意思就是，看到有一片叶子落下来，便想到，秋天快来了。

　　看一片落叶就知道秋的消息的人，很显然，是敏感的人，是先知先觉者。

　　追溯历史，一叶知秋的人，可是史官！据记载，宋朝时，立秋这天，宫内要把栽在盆里的梧桐移入殿内，等到"立秋"时辰一到，太史官便高声奏道："秋来。"奏毕，梧桐应声落下一两片叶子，飘然报秋。

　　二十四节气中有四立，立春立夏立秋立冬。打量每个季节之初的"立",便可先知岁月转换中的新立意。有趣的是,每个立,都立于前一个季节景象最浓之时,立秋,便是立于夏季浓烈之时。正因如此,这样的悄然而立,常不被人察觉。

可是有民俗,南方有食瓜咬秋,北方有吃荤贴秋膘,提醒着人们,跟夏不一样的秋,来了。

秋来有三候,依次是:一候凉风至;二候白露生;三候寒蝉鸣。凉风、白露、寒蝉,从字面来看,任何一候单挑,皆自有意境。

自然四季,人生四季,四季皆分明。分明的是四种不同的自然气象,分明的更是四种不同文化气息、文化氛围、文化格调。在中国,文化上的中国秋,主要有三个方面的意象。

一是丰收的意象。一个词就足以道明:秋收。"秋"字由禾与火组成,表示禾谷成熟的意思,立秋也就意味着禾谷开始成熟。因此,历书中说:"斗指西南,维为立秋,阴意出地,始杀万物。按秋训示,谷熟也。"《月令七十二候集解》中也说:"秋,揪也。物于此而揪敛也。"

二是忧愁的意象。一句名句就足以入心:秋风秋雨愁煞人。逆着历史之河向前,还有:"悲哉,秋之为气也!萧瑟兮,草木摇落而变衰。"——这是宋玉在《九辩》中,面对秋风生发的感慨。《九辩》以来,悲秋就成为中国古典诗赋的传统主题。女词人李清照的《一剪梅》,另有一番滋味:

> 红藕香残玉簟秋,轻解罗裳,独上兰舟。
> 云中谁寄锦书来?雁字回时,月满西楼。
>
> 花自飘零水自流。一种相思,两处闲愁。
> 此情无计可消除。才下眉头,却上心头。

三是正能量的诗意象。"晴空一鹤排云上,便引诗情到碧霄。"在中国,浪漫的诗句不少,但像这样乐观、阳光的诗句,怕并不多吧?

时光在流逝,逝者如斯夫。到了如今,这三个意象,说浪漫一点,已羽化成了中国人的文化基因。有了秋的三个意象,便有了秋的意蕴,或者说中国秋的文化。不过,对生活在坚硬现实中的人们来说,这些基因似乎只好让她们潜伏着。

如果你有闲暇,如果你是文艺青年,也许,在立秋后的某个瞬间,不规则掺和到潜意识里的文化基因、三种意象,突然联手向外发功,这时,你便是诗人了。无故寻愁觅恨,有时似傻如狂,像个呆子似的,捡片落叶,悄然独处,冥想一番:这片叶子也收藏着一个丰富的四季吧?!

应时而举,秋来,发次呆,是最正常不过的犯傻哟。

—— 节气是老天爷每年颁发的二十四道圣旨。敬遵圣旨,便是达人。

身在江南的我,吃着叫"八戒"的西瓜,孤独发呆。发呆后,暗自吟道:

江南咬秋时令闲,八戒西瓜爽口甜。
一年好景随夏去,秋凉自此始带寒。
时有台风自由行,偶听秋蝉深树鸣。
风雨过眼声过耳,岁月也老中原人。

立秋即景

江南咬穗時令關八戒西瓜爽口甜一冬好景隨夏去穗凉自此始帶寒時育台好自由許偶聽秋蟬深樹鳴風雨過眼聲遇耳歲月也老中原人

丁酉
覚辰書

处暑
寒来暑往，秋老虎或出没

> 节气如人，各具面目。
> 有的节气，有大人物的气派，如立春，他来时，人们欢乐复欢庆；有的节气，有大人物的作用，如处暑，他来时，人们多没有察觉，当时只道是寻常，可是，自此之后，天地为之一变。
>
> ——作者题记

太阳当空，暑气闹腾。

单就名称来说，二十四节气中就有三暑，小暑、大暑和处暑。论时长，大暑和处暑之间还有一个节气立秋——夹在"暑"之间，立秋的天下自然也是"暑"的。

节气轮回，暑气也有终结的时候，处暑就是"终结者"——专门来完成这项任务的。先人如此郑重其事，原因是——"寒往则暑来，暑往则寒来，寒暑相推，而岁成焉。"你看，早在《周易》面世之初，人们就已深知"暑"的地位和作用。于是，用一个节气——处暑来做阶段性总结,必须的。

那么,如何"处"呢?看"处"字吧!

处,《说文》里解释为止,得几而止,表示坐在凳上(其实是几。几,古人用的一种炕几,长方形,较矮。用凳字,主要是为了方便大家理解),暂时停下来休息。相应地,金文里的"处"字像戴虎头面具的人坐在凳上的形状。篆书里的"处"字,会意,在几上歇脚,意指也大致相同。当然,坐在凳(几)上,到底意味着什么?有不同的解释。但是,其中"止"的意义,极其重要,却是无可争论的,也是耐人寻味的——"止",看似不作为,实则另有奥妙无穷。《周易·系辞上》曰:"君子之道,或出或处。"

再看三候。"一候鹰乃祭鸟;二候天地始肃;三候禾乃登。"处暑交节后,头五天里,老鹰开始大量捕猎鸟类;接着是,天地间万物开始凋零;最后五天,"禾乃登"。"禾",当然指的是黍、稷、稻、粱类农作物。三候连看,特别是看到后面,不禁让人想起诗人佳句"喜看稻菽千重浪,遍地英雄下夕烟"(毛泽东《七律·到韶山》)。

综上所述,那么,处暑就这样冷静完成处暑的工作吗?非也。有些年份的处暑,"热"——闹着。人们常说的秋老虎,就是在这个时段出没。

先不说秋老虎,先说虎吧——繁体字里的"处"(處)不是有个虎头吗?!

虎,俗称老虎,是大地上最强大的猫科猛兽之一。在所属食物链中,老虎霸占着最顶端,逞"百兽之王"之威。

因为在林中威武,所以在文学里,也威武。不管是古时的"有力如虎,执辔如组"(《诗经·邶风》),还是后来"想当年,金戈铁马,气吞万里如虎"(辛弃疾《永遇乐·京口北固亭怀古》);不管是大人物的"虎踞龙盘今胜昔,天翻地覆慨而慷"(毛泽东《七律·人民解放军占领南京》),还是民间的"两只老虎跑得快……",皆雄壮威武。

借老虎威名,秋老虎也威武。不过,秋老虎当然不是真老虎,可也不是纸老虎。说白了,秋老虎就是天热。

天已先凉,又来一场暑热,所以人们觉得不爽,觉得热得更厉害。故以秋老虎称之。具体来说,八、九月之交,秋老虎一般出没在江淮及附近地区,持续7～15天。气象学上也有处暑节气后连续5天(或几天)最高温度在35℃(或33℃)以上为秋老虎之说。其实至今,官方还没有出台过关于秋老虎天气的统一的、定量的标准。不过,在民间,人们是一觉得天热就叫的:秋老虎来了。

秋老虎来了。解读一番"秋老虎",其实也挺有意思。其一,无可奈何。本来,时令至此应该凉下来,没有凉,反而更热火,人们只能在敬畏之余徒叹奈何。其二,人们在顺应老天的同时,也保有一点小抱怨的权利和习惯。其三,秋老虎只在民间。因为时间不会长,所以秋老虎基本没有进入文学世界,没有进入官方话语系统。

总之,秋老虎来不来,处暑过了,暑也就过了。秋老虎出没与否,只关乎这一段光阴的故事写完之后,最后的标点,我们是用句号还是用感叹号——

处暑悄悄来悄悄走,就平静标上一个句号,表示完了;轰轰烈烈,秋老虎时不时发威,你就在处暑后标上感叹号!可以标三个的哟!!!

往回说,就是秋老虎来,早晚天气也已有清凉之意。趁新凉,自咏打油:

处暑·自咏

中年自省千万言,莲蓬低首荷叶残。
书生把卷常自娱,友朋举杯偶发颠。
尚有豪气尚能饭,放下执着皆入禅。
新秋四时俱可喜,处暑炎凉夜好眠。

中年自省千万言邋邋低首荷叶残
书生把卷常自娱友朋举杯偶发颠
尚有豪气尚能饭放下执著我习禅
新秋卯时俱可喜处暑炎凉好入眠

丁酉三月 曾辰书

白露

白日吹凉晚上露

> 不着意时最惬意,
> 闲读诗书慢著文。
> ——作者题记

　　白露,多好的名字哟!姓白名露,是一个姓白的女孩子的名字吗?或者说,有没有姓白的女孩子取了这样美妙的名字呢?"露"出情境,活色生香,晶莹通透,彰显着天地灵气。

　　有没有白露这个人,我不知道,我们知道,有节气白露。

　　一个节气的名字取名"白露"。为什么呢?

　　猜想,这很简单,或者说中国节气系统形成过程中,人们"仰则观象于天,俯则观法于地,观鸟兽之文与地之宜"(《周易·系辞下》),就这样,白露时节,晨光里,人们看到原野里草木枝叶托着"露"或者挂着"露",于是就有了露之名。写到这里,我突然觉得这问题挺奇怪:"白"字从何而来呢?一般说来,露即水,水无色无味,怎么是"白"色呢?"白"仅仅指一种颜色吗?

有疑问就查。一查,哈哈,就发现了"白"的意义和美妙:象形字,其甲骨文的字形,象日光上下射之形。本义是空无一物,纯净无他的一种空间状态。也可说是空间的起始状态或空间的基础状态。后来转义为一种基础颜色——白色。引申义为纯洁、纯净、澄净、朴素、雅致与贞洁等等。

早在庄子时代,白就有了上述意义吧,庄子说"虚室生白",这里的白,就是"虚空状态"(《庄子·人间世》)。庄子还说,"若白驹之过隙",他说的是"神马都是浮云",浮云里的"白驹",指的是"虚无之驹"(《庄子·知北游》)。

另外,还有一义,跟"白露"之"白"更有直接关联。原来,在古代,白还能代表秋季。

说了美名的问题,再往前说,白露绝不是仅仅只有美名,作为节气,她还有自己独特的内涵和景致:

白露,是一年二十四节气中第十五个节气,在每年阳历9月7日或8日,太阳达到黄经165°。历书记载:"斗指癸为白露,阴气渐重,凌而为露,故名白露。"从气候规律说,在全国范围,白露时节,夏季风逐渐为冬季风所代替,多吹偏北风,冷空气南下逐渐频繁。与此同时,太阳直射地面的位置南移,北半球日照时间变短,日照强度减弱,夜间常晴朗少云,地面辐射散热快,温度下降速度也逐渐加快。《礼记·月令》记载这个节气的景象:"盲风至,鸿雁来,玄鸟归,群鸟养羞。"这是说,白露这个节气,鸿雁南飞避寒,百鸟开始贮存干果粮食以备过冬。

白天吹凉晚上露,白天和夜晚交接,一年初秋好时节,有这么好的景致,我们要做点什么呢?不做什么,发呆,适合发呆。

适合发呆,那就发个呆吧!

什么为呆呢?望文生义,看"呆"字,呆看半天,明白了:上面是不知所措张大了嘴,下面是一个站直的木头,合在一起,就是人像物一样——拟物手法,说的是人像木然的树木一样,没感觉地站着。古代造字是不是这样,可能难以坐实,但这样解释不是挺有意思吗?

发呆不会变成呆子的。发呆是聪明人玩的智力游戏。

发呆时感叹:白露这么美好的名字,是不是某个先人在这时节发呆时想出来的呢?再发呆,又感叹:人生的美好大约在此吧,不管现实如何,人们总可以生发出一个看似跟现实一致实则另有一番意境的文字世界来,比如白露。

三发呆,得打油诗一首:

白露·凝

时光如水白露凝,秋实不丰心不宁。
人生自古谁无憾,几多少年成伟人?
且看白云飘晴空,且听佛音绕经轮。
不着意时最惬意,闲读诗书慢著文。

白露凝
时光如水白露凝
秋实不丰心不宁
人生自古谁无憾
立功立言有几人
且看白云飘晴空
且听佛音绕经轮
不着意时最惬意
闲读诗书慢著文

丁酉三月筱辰书

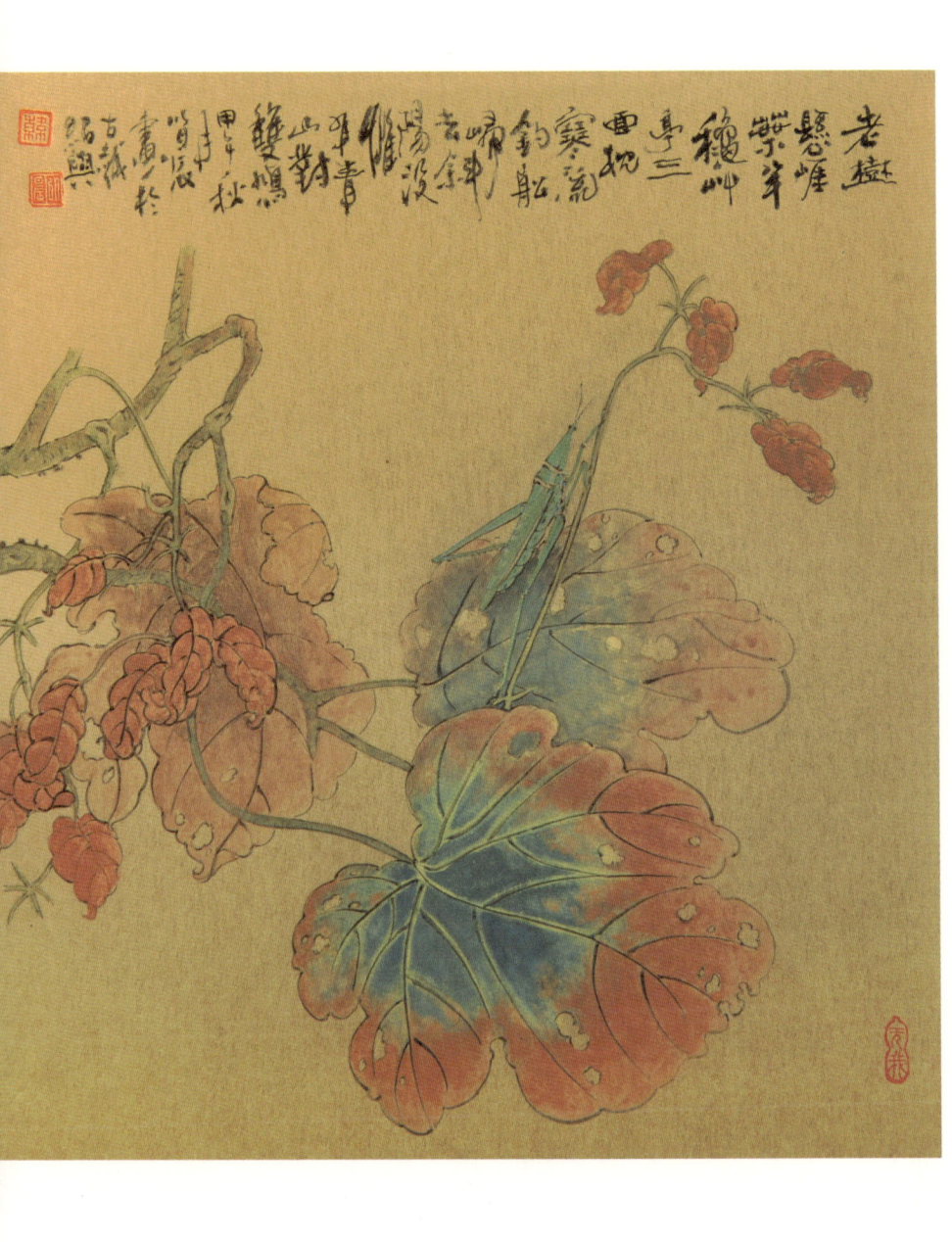

秋 分

官方的秋分,民间的中秋

> 节气,作为关乎中国人物质生活、精神生活的基本元素,不仅仅在民间孕育传承,更重要的是官方『制定』并在历史传承中担当主体作用。以祭祀为例,春分祭日,秋分祭月,不仅显示了官方的权威,也代表着所有中国人对天地的敬畏。
>
> 节气不变,围绕节气的民俗等也不变——如果把眼光放远一些,不变中有变,不知不觉之中,变化已或多或少发生了。这是民俗得以鲜活存在并传承的明证吧。比如,秋分祭月,现在的官方也无活动;中秋拜月,政府却不同程度上参与了,甚至是主导了民间的活动。从历史角度来看节气看民俗,才能更看清民俗的本质和价值。
>
> ——作者题记

在节气世界里,不知有没有某个节气站出来,喊"岁月面前,个个平等"的口号。但是,在历史的长河中,有些节气,本来人气很高地位隆重,可是,年来年去,最后地位越来越卑微,人们也越来越不关注了。秋分就是这样一个"受委屈"的典型。

日月为明，光照大地。人们看到了，于是，春分祭日，秋分祭月。周朝时，官方就已确定了"两分祀日月"之制。到明清，朝廷还在北京构筑"月坛"专为官方祭月之用（据史料记载，明清时代，秋分亥时在夕月坛举行祭祀之礼，主祭夜明之神，配祀二十八宿、木火土金水五星及周天星辰。每逢丑、辰、未、戌年，皇帝则要亲自赴月坛行祭祀礼，而其他年份"朝日则谴文臣，夕月则谴武官"代行）。但是，随着时光流逝、朝代更替等诸多原因，本是秋分祭月的，慢慢成了中秋的事了，到如今，拜月和赏月一并实施着。在民间，赏月更是盛事，或者说抬头看月之中也包含了对月亮的敬畏吧?!

就这样，中秋成了很大很大的节日（民俗节日中，春节排第一，中秋可排第二吧）。在盛大的节日气氛之下，节气秋分就越来越不被人们关注了。

从名称上看，中秋和秋分就很容易混淆。秋分就是把秋分开，中秋就是秋季的中间。这，很让人糊涂：秋、分开，秋、中间，这不是一回事吗？更让人糊涂的是，现实情形似乎是，你不解释我还罢了，你一搅和，我反而觉得张冠李戴起来。这样一混乱，当秋分、中秋前后来临时（有些年份是中秋先到，有些年份是秋分先到），再聪明的人也朦胧起来了。

其实，秋分和中秋是两股道上跑的车。

秋分分的是阴阳，所依的根据是太阳的位置。我们知道，二十四节气——当然包括秋分——是根据太阳在黄道（即地球绕太阳公转的轨道）上的位置来划分的。秋分时，"阳在正东"，太阳到达黄经180°，阳光几乎直射赤道，一半是阴，一半是阳。这是根本。四季的变化，就因太阳在运转。这也是秋分能表征季节变化的决定因素。

中秋，是从阴历而来，阴历以月亮为心。阴历以月亮圆缺一次为一个月，共29天半。为了算起来方便，大月定作30天，小月29天，一年12个月中，大小月大体上交替排列。由于阴历不考虑地球绕太阳的运行，因此使得四季的变化在阴历上就没有固定的时间，它不能反映季节。

中秋和秋分，在理论上容易分辨，可是在生活中却极容易模糊。于是，在历史演进中，秋分祭月这样官方的大活动，也慢慢变成了中秋时民间的习俗了。

追问秋分祭月如何成了中秋拜月，可能最根本的原因还是月亮的魅力。在历史中，社会变迁里有一股根本的力量，就是美的力量。虽然短时间内似乎难见成效，也不太被人关注，但是美的力量一直在发挥着持续的作用。于是，中秋更大更圆的月亮慢慢就和祭月的盛事很自然地串联在一起了。

规律，什么叫规律？那就是不以人的意志为转移的客观存在。在秋分和中秋的纠缠中，我们隐隐感觉到习俗的变化。这变化，其实也有规律。既然习俗有其不以我们的意志为转移的客观规律，那么，生活在习俗中的我们，你强力保守也罢，你刻意创新也好，其实你是无力改变习俗变化的规律的。正因如此，在传统面前，在习俗面前，我们正确的任务、正确的心态是：认清规律，顺势而为。换句话说，是在把握规律的前提下，更好地利用传统和习俗的价值。

秋分时分，桂花开了，暗香隐隐而来，咏而得句：

秋分·咏桂

不知秋分悄悄至,却道暗香满江南。
举头望月云伴月,低头思乡泪涟涟。
他乡虽好身是客,人生如旅行路难。
遥知中原桂花开,吃个月饼算团圆。

观秋咏桂

不知秋分悄至，却道暗香满江
牵举头望月云伴月低头思多
泪涟，他乡虽好身是客人生如
旅行路难运知中原桂花开吃
个月饼算团圆

光智句 笛辰书

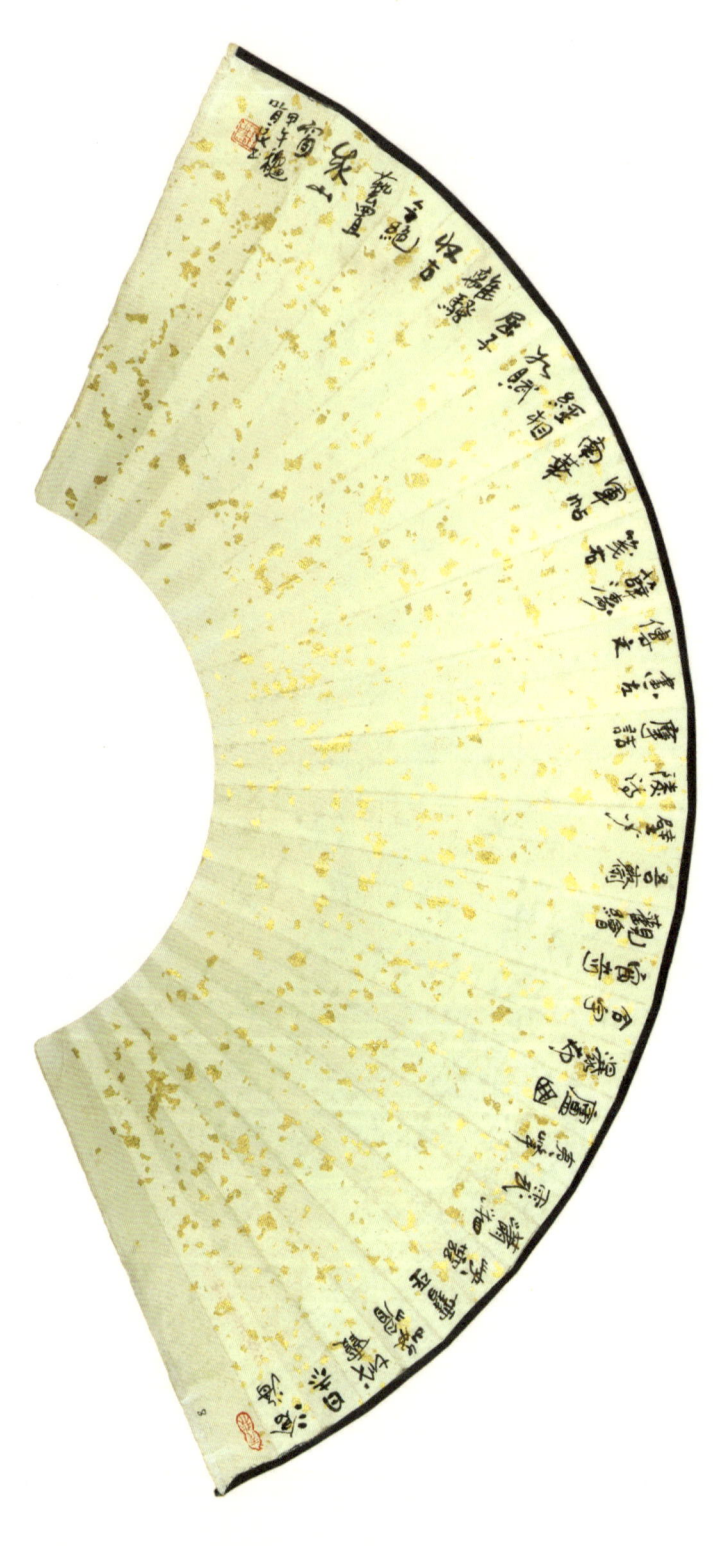

寒露

风光无限眼前菊，
小碟酱醋品蟹黄

> 天高云淡，望断南飞雁……
>
> 跟着节气走，有两种跟法。一种跟法是，一边走一边看：仔细观察一年之中特别是交节换气时的典型现象，如寒露看大雁赏菊花——现代人能做到这一点已是很不容易了；另一种跟法是，一边看一边想：『每逢佳节倍思亲』，南飞雁背负着什么？菊花之淡之雅是菊花固有的，也是陶渊明赋予的（采菊东篱下），是李清照赋予的（人比黄花瘦），是……
>
> ——作者题记

  节气白露到时，人们也许会有点迷茫："蒹葭苍苍，白露为霜。所谓伊人，在水一方。"伊人，见到见不到，是另一回事，诗中的"白露为霜"却是毫无踪迹的。要"为霜"，也是寒露为霜。

  到了寒露，北方会有初霜，具体"北"到什么地方，也难以界定，且，每年的情况也会有所不同。不过，在江南，寒露确乎无霜，也许江南的高山之上，会有。

热与冷交替，寒露，在二十四节气中排列十七，太阳到达黄经195°。寒露是深秋的节令，在二十四节气中最早出现"寒"字。此时气温下降，露水更凉。《月令七十二候集解》说："九月节。露气寒冷，将凝结也。"寒露的意思是气温比白露时更低，地面的露水更冷，快要凝结成霜了。通俗地说，白露是炎热向凉爽的过渡，寒露则是凉爽向寒冷的转折。故民谚有云："白露身不露，寒露脚不露。"有人说，寒是露之气，先白而后寒，是气温逐渐转冷的意思。

我国古代将寒露分为三候："一候鸿雁来宾；二候雀入大水为蛤；三候菊有黄华。"此节气中，鸿雁排成一字或人字形的队列大举南迁；深秋天寒，雀鸟都不见了，古人看到海边突然出现很多蛤蜊，并且贝壳的条纹及颜色与雀鸟很相似，便以为蛤蜊是雀鸟变成的；第三候的"菊有黄华"是说此时菊花已普遍开放。

又是一年赏菊时。如何赏菊？有两种眼法。

一种是看眼前菊。哪里有菊花哪里去，哪里有菊花展往哪里挤。这个看起来简单，但是，在忙碌的时代，有多少现代人有闲心闲情去踏实践行呢？了不起，走马观花，一年一回。

赏菊的另一种眼法，是浸淫菊的文化意蕴。植物形态是先天的，文化意蕴是后天的。从先天到后天，到今天，菊之为菊，依仗的，自然是文人之眼、文人之笔……陶渊明采菊东篱下，李清照人比黄花瘦……如此这般，菊花之淡之雅，才从"眼前菊"中散发出中国情趣来。

还来就菊花，悠闲吃秋茶。寒露时节，吃茶更妙。

为何此时更妙呢？一是可能有秋茶。河南信阳茶农此时爱说：

春茶苦,夏茶涩,秋茶好喝舍不得摘。为什么舍不得摘？因为此时摘,会影响第二年春茶的生发和产量。二是有好水。寒露时说好水,那当然指寒露哟！

古人饮茶,用水十分讲究,烹茶的水有叶上露水、雨水、雪水。仙花灵叶上的露水太少了,用之烹茶,实在不易。收集露水来烹茶,雅是雅,却难见有人这样做。还是看看《红楼梦》中的一道更为别致的茶——枫露茶吧！

"枫露茶",见于《红楼梦》第八回,贾宝玉在薛姨妈处吃了晚饭后回到自己房中,茜雪端上茶来,宝玉吃了半盏,忽然想起早上的茶来,便问："早起沏了碗枫露茶,我说过那茶是三四次后才出色,这会子怎么斟上这个茶来？"

枫露茶只见于《红楼梦》中,到底什么是枫露茶,难以求实。人们的解释是——

一、"枫露",自然是枫叶之"露"。秋天,收集枫叶之露即得泡茶之水。露,即甘露,古称"天酒",晶莹透明,味道甘冽,欲长生不老者或称神仙者渴饮甘露。大诗人屈原在《离骚》中就写过："朝饮木兰之坠露兮,夕餐秋菊之落英。"汉武帝为求长生不老,命人在未央宫筑高台,以玉盘取云表之露,说明"露"之珍贵无比。

二、枫,秋天霜打叶红,突出这个"枫"字,暗合"红"字,与贾宝玉"怡红公子"建立了内在的关系。小说第五回写贾宝玉梦游太虚境,仙姑以"千红一窟"茶款待他,并介绍道："此茶采自放春山遣香洞,又以仙花灵叶上所带的宿露烹之,名曰千红一窟。"在神仙世界里,用露水烹茶,为"枫露茶"做了一个很巧妙的注解。

当然,解说"枫露茶"还有一说。"枫露茶"为枫露点茶的简称。枫露制法,取香枫之嫩叶,入甑蒸之,滴取其露。清·顾仲《养小录·诸花露》载:"仿烧酒锡甑、木桶减小样,制一具,蒸诸香露。凡诸花及诸叶香者,俱可蒸露,入汤代茶,种种益人,入酒增味,调汁制饵,无所不宜……"将枫露点入茶汤中,即成枫露茶。

岁月不居,移步换景。逢寒露,打油一首:

寒露即景

乍寒还暖夜已凉,水汽成露近重阳。
风光无限眼前菊,风情暗度桂留香。
年华虚度驹过隙,空生懊恼扰心房。
江南家家小乐胃,小碟酱醋品蟹黄。

寒露即景

乍寒还暖夜已凉秋汽成霜近
重阳风光无限眼前菊风情暗
度桂留香金华虚度驹过隙空
生惆怅拢心居角上人家小东
皆小碟酱醋品蟹黄

丁酉三月 晓晟书

濃霜打白菜 鬆威空自嚴 不見莖身死 翻數菜心甜 玉根非羽翼 新自園中摘 深聞味好 何先已爱其色 甲午 翰孝 若翁

霜降

打霜、霜打以及落叶

> 夜晚霜降,清晨开门,吸天地间凉气。
> 满怀清新,开眼,寥落关河千里。
> 快到点了,老天爷总会提醒人间,有时用一枝花,有时用一阵风,霜降,老天爷用的是一地清霜。万类霜天竞自由,就这样,节气推着我们找不同的感觉,迈不同的步伐,过不同的日子。
> ——作者题记

白露是白露,霜是霜,到了霜降,白露成霜。

秋已尽,一年过大半,白露,秋分,寒露,持续好几个节气的白露,一直在秋夜闪着泪花的白露,到了霜降,也老了。老了,她就变了,变成了霜。《月令七十二候集解》:"九月中。气肃而凝露结为霜矣。"

在农村生活,最贴近大地,最记得大地上的事情。比如,霜降前后,清晨开门,会看到大地上白茫茫的一片,农人常会说:打霜了。

气象学上，一般把秋季第一次的降霜叫作"早霜"或"初霜"。早霜来时，菊花开放，所以，早霜也叫"菊花霜"。北宋大才子苏东坡有诗曰："千林扫作一番黄，只有芙蓉独自芳。唤作拒霜知未称，细思却是最宜霜。"（《和陈述古拒霜花》）芙蓉花又名"拒霜花"，这诗只说芙蓉一种花，哪里见着"菊花"？

再看一首，便有了："轻肌弱骨散幽葩，更将金蕊泛流霞。欲知却老延龄药，百草摧时始起花。"这诗名《赵昌寒菊》，写的便是霜降前后的菊花吧？

品读北宋才子诗，看来，内心丰盈的人，在"冷"日子开始的时候，也一样能长出不一样的诗意。南宋无门慧开禅师开示云：春有百花秋有月，夏有凉风冬有雪。若无闲事挂心头，便是人间好时节。

文人有诗，民间有谚。老天打霜，霜打万物，民间的谚语是：霜降杀百草。

杀百草？是老天爷拿把刀，到处砍杀吗？

来看一个实验：把植物的两片叶子，分别放在同一低温的箱子里，其中一片叶子盖上霜，另一片不盖，结果是——被低温伤害，无霜的叶子更重，而盖霜的叶子，只是轻微的冻伤。

有人解释说：寒霜不但危害不了庄稼，相反，水汽凝结成霜时，吸冷气呼出热，散发大量的热能来，于是，便可"温暖"大地。

看来，霜降杀百草，不对。可是，霜，夜晚来，白天走，一来一走，一走一来，如此折腾，草木经这变故，能不凋零吗？汉字存奥妙，"杀"字并非实指"用刀砍杀"，"霜降杀百草"中的"杀"，不过是一个比喻的说法。

南北有别，北方见霜降，而在南方，在江南，此时，风光大约尚在初秋。

江南难见霜,但杀百草的事,也在发生着。南北比较,北方杀百草是霜,可谓"常规武器";而南方,此季节多来寒流和台风,杀起百草来,更是不可小觑。寒流和台风,可谓"非常规武器"或"大规模杀伤性武器"。

五日一候,霜降三候分别是:"一候豺祭兽;二候草木黄落;三候蛰虫咸俯。"一候的意思是:豺狼将捕获的猎物陈列起来当祭品;三候的意思是:蛰虫低调起来,找个好地方,垂下头准备冬眠了。

第一候和第三候,现代人难以观察到,倒是第二候,"草木黄落",人们抬头即视,感受也最深。在此,提请注意,"黄落"这两个字用得多好哟!

秋深了,抬眼,便是一个色彩缤纷的世界。

这时节,树上的叶子各呈色相。或红或黄,或深或浅……每一片叶子都记录着阳光雨露,甚至同一片叶子,也有色谱上的不同气象。偶尔,一阵微风吹过,便有一片或几片或许多片叶子,随风飞舞。甚至,没风时,也有叶子无声地告别树枝,赴向大地——早或晚,这是叶子的宿命。诗人曰:落红不是无情物,化作春泥更护花。花是如此,叶子何尝不是如此呢?

大地上的落叶,更显风流。公园里,尚有青草,色彩缤纷的落叶在青草的怀中,是那样的温顺,又是那样的和谐、静美。还有大街上,如果树多,这时,那落下的缤纷便是宋词的境界——这时,总有文艺男或文艺女在呐喊:清洁工请不要及时打扫哟!

午后,在阳光里,一群姑娘在公园里喧闹。

一个姑娘说:"多好的阳光。"另一个接着说:"这也是春天。"说完不过瘾,立马又说:"我当这是春天,这就是春天。"第三位姑娘,嘴巴也不闲着,调侃说:"你若安好,便是晴天——霹雳!"

美能惑人,歌德在《浮士德》中如此写道:"太美了,请停一下吧!"

其实,霜降时节,更美的缤纷世界还在远方,在深山……

深山中的柿子红了,快熟了吧?

随节气行吟,霜降得诗云:

霜降·柿子红

人间冷暖随霜降,柿子红橙秋色黄。

少年呼伴打果果,老翁墙角晒太阳。

儿时已去中原远,买堆柿子品时光。

岁月静好如陈酒,熟透❶两个吃一双。

注❶ 打下来的柿子,多半是未全熟。要放,放到又红又亮,有光泽,熟矣。

霜降柿子红
人间冷暖随霜降
柿子红橙绿色黄
少年呼伴打果二
老翁墙角晒太阳
儿时已去中原远
买堆柿子品时光
岁月静好好陈酒
熟透两个吃一觞

丁酉三月
笃庆书

冬主藏 叮隆咕咚锵 鞭炮响脚底痒 欢乐不必藏 中国乐的就是这个劲

立冬
别开生面，大道至简

> 春生夏长，秋收冬藏。这是从农耕文明的角度来提炼的。其实，光阴的故事里一直有美，周期性灵动，应和着春、夏、秋、冬……春夏秋冬，四季轮回，天地有大美，大美形态也轮回。
> 立冬，挫其锐，解其纷，和其光，同其尘，别开生面，大道至简。
>
> ——作者题记

"收拾起"春的萌、夏的浓、秋的爽，大自然摇身一变，意象混沌，气象磅礴，"无边落木萧萧下，不尽长江滚滚来"，如中国画卷，渐次舒展。从此往后，便是冬了。

冬，并不一律从立冬日开始。

按气候学标准，秋后，平均气温降到 10℃以下，为冬季。南北有异，一般说来，"立冬为冬日始"的说法，与黄淮地区的气候规律基本吻合。北京以北，北到漠河及大兴安岭以北，9月上旬就已进入冬季。冬往南走，一个多月后，即 10 月下旬到达京城，而长江流域，得到"小雪"节气前后了。至于南方以南，还得延期，再南，比如海南，可能冬季只是一个传说了。

"一候水始冰；二候地始冻；三候雉入大水为蜃。"中国古代将立冬分为三候，显然，这是古人观察黄淮地区的气候而得到的。立冬三候头两候一望便知，第三候"雉入大水为蜃"似乎有些奇怪。雉，野鸡也，入了大海，便成大蛤（蜃）？现在看，古人缺乏基本的生物知识。不过，正是这种"缺乏"，我们由此可以窥探原始思维的奥妙之处：万物有灵，灵魂相通，相互转化。

逢立冬，人们会想：一年四季，季季"立"为首。春天，天天向上，立春，确然；夏天，骄阳如火，立夏，亦确然；秋天，阳气虽渐降，但依然威风八面，且丰收沉甸甸，让人意气风发，秋前立，也立得住。春夏秋的立，都没问题，到了第四季，大地走向萧条，怎么能把一个"立"字加于"冬"之前呢？大家都知道，冬天是"败"的开始，"败"中会有"立"吗？冬前这个"立"，是不是错了？

"立冬补冬，补嘴空。"吃什么？不管什么山珍海味，总少不了素菜吧？白天，享受阳光，夜晚，经霜敲打，这时节的蔬菜，清脆甘甜，人们的口语说得更形象：甜口。西汉晚期的农学著作《氾胜之书》中说："芸苔足霜乃收，不足霜即涩。"蔬菜等食材脱涩得甜——这是冬的味道吗？这是立冬之中"立"意的一部分吗？

"为学日益，为道日损"，春夏如"为学"，秋冬如"为道"。秋，往前走，"损之又损"，"损"下——也即立下——和前三季全然不同的大气象：丰饶、萧瑟、简约、厚重……哟！这一季更符合中国哲学意蕴。不信，你问老子去。

老子当然故去了，没法问，不过，有《道德经》。《道德经》云：挫其锐，解其纷，和其光，同其尘。这当然不是直接说冬的，不过，借来说,倒是贴切。

先看挫其锐,解其纷——

霜降杀百草。(民谚)

无边落木萧萧下。(唐·杜甫《登高》)

遣情伤。故人何在?烟水茫茫。(宋·柳永《玉蝴蝶》)

衣带渐宽终不悔,为伊消得人憔悴。(宋·柳永《蝶恋花》)

再看和其光,同其尘——

落叶满阶红不扫。(唐·白居易《长恨歌》)

落红不是无情物,化作春泥更护花。(清·龚自珍《己亥杂诗》)

夕阳无限好,只是近黄昏。(唐·李商隐《登乐游原》)

山回路转不见君,雪上空留马行处。(唐·岑参《白雪歌送武判官归京》)

庾信文章老更成,暮年诗赋动江关。(唐·杜甫《咏怀古迹》)

回首向来萧瑟处,归去,也无风雨也无晴。(宋·苏轼《定风波》)

很有趣吧,中国诗歌将四季的气象——当然包括冬季,早已囊括,我们要做的,不过是重复。当我们重复这些意象时,我们沟通了眼前的天地,我们也沟通了古典的天地。

如果春夏秋冬各是一门功课的话,那么,冬,是历史,也是哲学——饱含中国智慧的老庄哲学。这门哲学,冬雪雪冬小大寒,有"老"的味道;挫其锐,解其纷,和其光,同其尘,有"老子"的意蕴。

光阴里,慢慢品咂冬的气息,我们还可以从冬的安静和简约中体味天地新一轮的生机。自然,会有雪花,会有梅花。诗人说:梅花欢喜漫天雪。

如此看来,外示繁复变化之美,内有转换乾坤之力,冬之"立"亦确然。立冬,别开生面,大道至简。

每一个季节都是过渡，冬天的明天是春天。在此，我要说的是，如果你不留心、你不细心，那么，除了越来越深的冷感觉之外，冬，对你来说，什么也没有。

如果在江南，立冬的气象别样不同，柳还青着，那就随我咏柳吧。

立冬·咏柳

江南绿杨青春长，立冬未改夏时装。

不惧午后骄阳烈，难耐长夜露和霜。

一场青春一场梦，梦醒时分叶卷黄。

身在江南心知福，且随寒意识苍茫。

立冬 咏柳

江南绿杨青春长立冬
未改夏时装不惧午后
骄阳烈难耐长夜露和
霜一场青春一场梦二
醒时分叶卷黄身在江
南心知福且随寒意识
苍茫

丁酉 昌辰书

小雪
南方的雪,轻盈的雪

> 超越容积,大小不仅仅指大小。
> 超越地理,南北也不仅仅指南北。
> 超越眼界,雪花也不仅仅指雪花。
> 因此,小雪飞扬!
> 因此,小雪落在南方丰润的田野间!
>
> ——作者题记

小雪,首先指的是雪花儿不大。

不大是多大呢?同样的雪花飘扬,有人觉得这是小雪,有人觉得这是大雪。生活中,如此不同的大小,并不影响人们的世界观。了不得,两个爱好抬杠的人扛上一阵子而已。

但是,大小还是有专业标准的。气象学上的标准是,下雪时,水平能见距离等于或大于1000米,地面积雪深度在3厘米以下,24小时降雪量在 0.1～2.4 毫米，这时的降雪是为"小雪"。或者更简单地说，小雪，气象学上指 24 小时内降雪量小于或等于 2.5 毫米的雪。

超越容积，大小不仅仅指大小。气象上有小雪，节气里也有小雪。问题是，节气小雪为什么用"小雪"之名呢？

先看小雪时节的三候吧。一候虹藏不见；二候天气上升，地气下降；三候闭塞而成冬。彩虹不见了，是"冬眠"去了吗？阳气上升，阴气下降，阴阳不交，天地闭塞，万物疲乏，树木凋零，一些动物进入冬眠，人呢，也常常提不起精神来，抬头看天，老天常摆着一副阴沉沉的面孔——正因如此，一种叫作"霾"的新怪物会来造访人间，有些郁闷哟！

很显然，先有老天在这段时间爱下小雪，在先人的反复观察下，然后才有节气的小雪产生。可是，当节气的小雪产生后，并不是每年小雪节气来时，老天就一定下小雪。老天下小雪时，不一定只落在南方。但是，从文化角度来讲，小雪落在南方，落得对，落得妙，更有意蕴。正因如此，宛如路标，节气，依然指引着中国人；现代生活，依旧是人和节气牵手走过的光阴故事。《诗经》里说："昔我往矣，杨柳依依。今我来思，雨雪霏霏。"小雪时说这样的话，是忧愁的，也是温暖的。

超越眼界，是花非花，雪花不仅仅指雪花，也是诗国中一个独特的意象；超越地理，有界无界，南北也不仅仅指南北，南方也是文化中精致细腻柔软温和的主体或代言。在小雪飞扬的季节，在节气小雪的时空里，我们用手掌一只——托起南方的雪花。

南方的雪，是稀客，并不常到。"气寒将雪""地寒未甚"，南方常常摆出一副冷美人的神情。不过，冬阳光顾时，景致倒是不错，单是黄，也黄得格外斑斓。

南方的冬阳是温暖的。

阳光在不同的季节里似乎有不同的色彩。小雪时节的太阳,射出来的光线,落在人的手背上,落在人坐的藤椅上,乃至落在南方更丰润的大地上,都有橘黄的感觉——如果想到,黄色在中国是高贵的颜色,那么,那种贴心的温暖就更来劲了。

有阳光,树叶也来劲。四季常青的树木冬天里也青着,可是人们并不把冬青过分放在眼里。因为黄色更耀眼。不同的树,还显示不同的黄。比如银杏树的黄就很有特"色",而且,随着嘀嗒向前走的光阴,昨天的黄和今天的黄又不一样了。有趣的是,有些树木,叶子是红的。这时的红,是少数派,但也很给力,镶嵌在黄色海洋中,红和黄,还有其他颜色,互相帮衬,装点着这个世界的美好。黄色斑斓。仅在一种颜色里,就显示了光阴的奥妙以及事物的斑斓来。

当然来场小雪更好。在江南,大地上的秋色在加速消泯,而冬的气象日益加深。是的,来场"雪",冬之美会有"点睛之笔"。

这里,让我们看看来自南方的鲁迅在北方写下的南方的雪:

> 暖国的雨,向来没有变过冰冷的坚硬的灿烂的雪花。博识的人们觉得他单调,他自己也以为不幸否耶?江南的雪,可是滋润美艳之至了;那是还在隐约着的青春的消息,是极壮健的处子的皮肤。雪野中有血红的宝珠山茶,白中隐青的单瓣梅花,深黄的磬口的蜡梅花;雪下面还有冷绿的杂草。胡蝶确乎没有;蜜蜂是否来采山茶花和梅花的蜜,我可记不真切了。但我的眼前仿佛看见冬花开在雪野中,有许多蜜蜂们忙碌地飞着,也听得他们嗡嗡地闹着。
>
> 孩子们呵着冻得通红,像紫芽姜一般的小手,七八个一

齐来塑雪罗汉。因为不成功,谁的父亲也来帮忙了。罗汉就塑得比孩子们高得多,虽然不过是上小下大的一堆,终于分不清是壶卢还是罗汉;然而很洁白,很明艳,以自身的滋润相粘结,整个地闪闪地生光。孩子们用龙眼核给他做眼珠,又从谁的母亲的脂粉奁中偷得胭脂来涂在嘴唇上。这回确是一个大阿罗汉了。他也就目光灼灼地嘴唇通红地坐在雪地里。

(引自鲁迅《雪》)

散文里的雪,"滋润美艳之至";诗词中的雪,更是轻盈,恰似柳絮因风起。

一片二片三四片,五六七八九十片。
千片万片无数片,飞入芦花总不见。

郑板桥眼中的《咏雪诗》,有民歌风、草根意味还是才子意气呢?

征西府里日西斜,独试新炉自煮茶。
篱菊尽来低覆水,塞鸿飞去远连霞。
寂寥小雪闲中过,斑驳轻霜鬓上加。
算得流年无奈处,莫将诗句祝苍华。

这是唐代徐铉的诗《和萧郎中小雪日作》,最让中年人读来惊心的是"寂寥小雪闲中过,斑驳轻霜鬓上加"——人生如四季,此时正中年。

显然,"有雪无诗俗了人",品咂文学中的小雪,尘世飞扬的小雪,将会更加滋润大地和人心吧!

"何以解忧,唯有杜康。"在南方,在小雪,解忧的是对腊肉的回忆和糍粑味道(小雪节气,南方不少地方有"腌腊肉""吃糍粑"的民俗)。对北方而言,南方是外面的世界,从北到南,不少北方人到了南方学习、生活乃至安家。小雪时节,忧愁泛起,也许无雪,那就听雨吧:

小雪·听雨

而今听雨江之南,知天命兮近佛禅。
爷们小聚品小酒,水饺一个酒一口。
高谈理想低谈钱,网事不堪[1]忧民难。
雨声淅沥亦天籁,烧酒穿肠耐时寒。

注❶ 网事不堪——一指,互联网发达,世事上网;二指,无限上网的网事,特别是悲催事件让人心悲不堪。

小雪听雨
而今听雨江之雪
知天命兮近佛禅
爷们小聚品小酒
水饺一盘酒一口
高谈理想低谈钱
网事太堪忧民难
雨声淅沥亦天籁
烧酒宽肠耐时寒

乙酉三月晗晨

大雪

北方的雪，厚重的雪

> 超越容积，大小不仅仅指大小。
> 超越地理，南北也不仅仅指南北。
> 超越眼界，雪花也不仅仅指雪花。
> 因此，大雪纷飞！
> 因此，大雪落在北方广袤的大地上！
>
> ——作者题记

  大雪，首先指的是雪下得不小。

  "大者，盛也，至此而雪盛也。"如此说大雪，凭的还是感觉。专业上呢？气象学上的规定是，水平能见距离小于 500 米，地面积雪深度不小于 5 厘米，或 24 小时内降雪量在 5.0 到 9.9 毫米之间。如此规模为大雪。再大，便是暴雪了。

  超越容积，大小不仅仅指大小。气象上有大雪，节气里也有大雪。

问题是,这个节气为什么用"大雪"之名呢?

先看大雪时节有什么。

天寒地冻,有趣的是,寒极之时,大地已有了来春的气息和兆头。古代将大雪分为三候:"一候鹖鴠不鸣;二候虎始交;三候荔挺出。"天冷,冻得寒号鸟也不张嘴叫了,阴气最盛,盛极而衰,阳气触底反弹,老虎敏感,于是有了"恋爱季节",如果雄虎要献花,可采"荔"。此"荔"非"荔枝",实为马蔺,这时节,也感阳气萌动,慢慢"挺"出新芽矣。

是不是可以说,最早的春心萌动是老虎,最早的春花开放是马蔺?的确,仅从气象上讲,大雪有着小雪全然不同的气派——如果有兴趣,你不妨把自己过小雪过大雪时的感觉进行对比,也可将我的小雪文章和大雪文章对照着翻阅。

大雪时节便下大雪吗?非也。按照规律,大雪下雪,可是常比小雪下雪少哟!相信科学相信规律,一查资料才知:在北方,从降雪的角度来看,小雪比大雪大是规律。

中国气象科学研究院研究员林之光先生说:

"小雪"和"大雪"这两个节气的排序更基本是反过来了。因为大雪节气(15天)中,仅仅因气温低而降雪日数比小雪节气略多,而节气总降水量则小得多,例如四大古都大雪节气的平均降水量就只有小雪节气的一半。即大雪节气实际降的多是小雪。所以甚至有谚语说,"小雪节到下大雪,大雪节到没了(大)雪"。

我曾利用北京69年的资料,对12月份(含大雪节气)和11月份(含小雪节气)的积雪进行过研究。结果发现,69

年中北京出现大雪（雪后积雪超过8厘米）的日数，毫无例外地都是11月比12月多。究其原因，主要是因为小雪节气时间在前，平均气温比大雪高，气温高则大气中的水汽含量多，因此小雪节气降雪量才有可能比大雪节气更大。我还进一步发现，在北京以北的许多冬季严寒地区，最大降雪不仅11月大于12月，而且甚至10月大于11月。

（引自《中国国家地理》2013年第12期林之光《从气象学角度评说二十四节气》）

既然小雪比大雪大，那么，把小雪节气改成大雪，把大雪节气改成小雪，不就行了吗？

不成。这会带来中国文化上的困惑。在中国人心目中——几千年形成的思维习惯和思维倾向，小在前，有了小，才会有大。就这么简单。如果来硬的说法，是规律就有例外，也的确有些年份，大雪下的雪，那叫一个真大哟。所以，小雪就是小雪，大雪还是大雪。只是我们要知道，按规律，其实，小雪比大雪大。

超越眼界，是花非花，雪花不仅仅指雪花，也是诗国中一个独特的意象；超越地理，有界无界，南北不仅仅指南北，北方也是文化中阳刚、大气、粗犷、磅礴等意象的主体或代言。从文化角度来讲，大雪落在北方，落得对，落得妙，更见大气象。在大雪纷飞的季节，在节气大雪的时空里，让我们安静一会儿——仿佛从现实中逃开片刻——由此，静静欣赏北方的雪、文学里的大雪。

……

雪落在中国的土地上，

寒冷在封锁着中国呀……
中国,
我在没有灯光的晚上,
所写的无力的诗句,
能给你些许的温暖么?

——这是现代诗人艾青在1937年的某个夜晚营造的宏大意境和济世情怀。

元帅诗人陈毅,有《青松》诗,雪中的青松自有一种精神:

大雪压青松,青松挺且直。
要知松高洁,待到雪化时。

似乎,北方的雪就应该是大的,鹅毛大雪才像是北方的雪。这是文学上的感觉。在此,我们将大雪和北方绾在一起,进行文学上的穿越。

我爱你塞北的雪
飘飘洒洒漫天遍野
你的舞姿是那样的轻盈
你的心地是那样的纯洁
你是春雨的亲姐妹哟
你是春天派出的使节
春天的使节
我爱你塞北的雪

飘飘洒洒漫天遍野

你用白玉般的身躯

装扮银光闪闪的世界

你把生命溶进土地哟

滋润着返青的麦苗

迎春的花叶

啊……我爱你

啊……塞北的雪塞北的雪

这首王德作词、刘锡津作曲、1980年完成的《我爱你塞北的雪》，极著名，以至后来成了哈尔滨冰雪节的节歌。

伟人有大气象，看其事业可知，看其文章，亦可知。这里，诵一阕著名的词——毛泽东的《沁园春·雪》：

北国风光，千里冰封，万里雪飘。

望长城内外，惟余莽莽；大河上下，顿失滔滔。

山舞银蛇，原驰蜡象，欲与天公试比高。

须晴日，看红妆素裹，分外妖娆。

江山如此多娇，引无数英雄竞折腰。

惜秦皇汉武，略输文采；唐宗宋祖，稍逊风骚。

一代天骄，成吉思汗，只识弯弓射大雕。

俱往矣，数风流人物，还看今朝。

在历史激荡的时代，来自南方的鲁迅在北方写下北方的雪：

但是,朔方的雪花在纷飞之后,却永远如粉,如沙,他们决不粘连,撒在屋上,地上,枯草上,就是这样。屋上的雪是早已就有消化了的,因为屋里居人的火的温热。别的,在晴天之下,旋风忽来,便蓬勃地奋飞,在日光中灿灿地生光,如包藏火焰的大雾,旋转而且升腾,弥漫太空,使太空旋转而且升腾地闪烁。

在无边的旷野上,在凛冽的天宇下,闪闪地旋转升腾着的是雨的精魂……

是的,那是孤独的雪,是死掉的雨,是雨的精魂。

(引自鲁迅《雪》)

显然,"有雪无诗俗了人",品咂文学中的大雪,尘世纷飞的大雪,将会更加激荡大地和人心。如果想来得更直接点,那么听一首叫《向北方》的歌吧!

  北方北方我的北大荒　北方北方我的北大仓
  冰肌雪骨你就想想想北方　烈火豪情你就来来来北方
  黑黑的土地望不到边　窜出一条大河叫黑龙江
  秋风落叶送你一片片的金　大雪漫天送你一片片的银
  …………
  北方北方我的北大荒　北方北方我的北大仓
  北方的脾气是大烟炮　北方的性格它咯嘣嘣的响
  北方北方的情况就是不一样
  就像冬天冬天里的一把火　贼贼贼贼贼贼拉拉的烫
  好汉你就跟我走一趟　英雄你就下马闹一场

别说那山高水也长　咱们走走走你就向北方

北方我的北大荒　北方北方我的北大仓……

向北方是一种豪迈,大雪时节,我也来打油一首以御寒:

大雪·寒

秋尽江南绿未凋,寒风扑面似飞刀。

新陈代谢天地意,大雪时节望雪飘。

初寒顿觉身是本,因时调理心不焦。

人间最暖是故园,风中游子暗唠叨。

大雪寒
秋尽江南绿未凋
寒风扑面城飞刀
新陈代谢天地意
大雪时节望雪飘
初寒顿觉身是本
因时调理心不焦
人间最暖是故园
风中游子暗唠叨

甲辰书

邯鄲驛里逢冬至
抱膝燈前影伴身
想得家中夜深坐
還應說著遠行人

唐人白居易詩 甲午肖辰□書

冬至

> 【冬至】
> 古意盎然的祭祀，
> 热气腾腾的饺子

> 太阳照顾地球，传统照顾当下，
> 文字照顾内心。
> ——作者题记

要了解二十四节气，冬至是最妙的开头。

为什么？

这是一个简单又复杂的问题。

说简单，可以直接说冬至是中国先人最早发现或发明的第一个节气，至今有2700多年，那是在周朝。

说复杂，是因为，在冬至这个关节点上，寄寓了太多的历史信息和传统文化内涵。比如，中国人的祭祀问题。

要追索，得解两个问题。

第一个问题是，中国人为什么要祭祀？进而，也可追问，人类为什么要祭祀？

这个问题真是难以说清，可能也不会有标准答案。这里，我只提供一种说法，权作引玉的一块砖吧！

祭祀之前，先得有神、高高在上的神存在。那么，神灵是如何产生的呢？

原始社会，人们通过意念，"以己度物"，从而把自然物、自然力量加以拟人化、人格化，赋予它们人的灵魂、生命和意志。这就是学者们所说的"万物有灵观"。

万物有灵是神产生的最根本的基础。在"万物有灵观"的支配下，原始人深信不同形式的生命在本质上是一体的，生命之间可以相互渗透、相互感应、相互转换，甚至，原始人认为，万物之间是同情感、同体验、同构造。例如，中国古代思想家就认为，万物是由金、木、水、火、土五种元素组成，万物只是形态有异而本质相同。这就为人造神以及人和神之间进行沟通设定了前提和基础。比如说，当人们的宗教意识发展到认为"天"是一位人格化的主神时，"天人合一"的观念自然也随之生成了。在政治领域，"天子"——"天"的"儿子"，有了，且，还具有至高无上的权力。

这就是原始思维的特点。大致知晓了原始思维，也就大致清楚了神的来历：原始思维产生神。

从神的产生也隐约显现出人类祭祀的必然来。我认为，人类要祭祀，一定是多种因素促成的，一定是精神因素和物质因素综合作用所致。下面仅列举几种主要的因素吧！

一、因未知而起。对未知世界、未知事物的好奇以及由未知而产生神秘感，对未知世界、未知事物的恐惧以及由未知而产生的敬畏。

二、因期盼而起。对未来的向往和期盼。祭祀,在民间,有一种祭祀叫求神。

三、因卑微而起。人有两大局限,甚至可以说是缺陷。一是身体上的局限性;二是认识上的局限性。局限性隐藏着这样一个矛盾:一方面,个体的人,是微小的,因为微小所以容易生卑微之心,虽然微小、卑微,可是人却又有一颗远大的心;另一方面,自然是强大的。

面对矛盾,如何超越,有限如何抵达无限?在马克思那里,有一种说法是"人的本质力量的对象化"。所谓人的本质力量对象化,就是说,每一个人总是有意无意地要通过种种对象将自身的本质力量展现出来,实现其生命和精神理想的价值。

这,很自然地让人想起奥林匹克口号:更快、更高、更强。从某种意义上讲,这样的体育精神和人类造神(人的本质力量对象化)有异曲同工之妙。"对象化","化"了"对象",再进一步,"对象"神圣起来,不就造出神来了吗?造神的同时,其实就已宿命地安排了祭祀的问题。延伸开来说,人类,不仅造了神,还不断颂着神,还不断造着新神(神的问题,也有新陈代谢吧?有些神,人类不是已基本忘记了吗)。

四、因感激而起。原始社会,靠天吃饭。所以,在先人那里,有口饭吃,那得感谢天。这是最根本的感谢。感激之情,需要载体,载来载去,便固定下来,这就有了祭祀的仪式化。

五、为了心理。人的心理分两块,一块是个体的心理,一块是集体的心理。不管哪一块,人的心理要处于相对平衡,人才正常。

现实不是理想,不会总处于完美状态,于是现实总会迟早让人失落乃至失败,从而导致人心理平衡的倾斜。当现实中找不到制衡的力量时,便会在虚构的世界寻找精神(精神也是一种神,一种世间常见的神）。这是个体的心理平衡。而集体心理的平衡呢？大致和个体心理的平衡相似。当个体结成一个集体时，其心理的平衡问题一定有其共同之处。寻找心理的制衡，便是一个集体能否可持续发展的内在关键之一。

六、为了统治。有人的地方，就有江湖，更有政治。随着历史的发展，神在政治中担负着非凡的作用。这里，别的不说，只说一个词"天子"。天是神，天之子却是帝王。帝王自有世间父母，怎么会另找一个天神为父呢？还不是为了政治统治的目的。历代的祭天等大型祭祀，只能是皇家之事，民间无权也无能力搞大型祭祀。祭祀就这样成了政治统治的一种特殊的工具和特殊的形式。

不过，蹊跷的是，科学越来越昌明，万物越来越"透明"，为什么人间还有祭祀，人们还是要祭祀？某种程度上讲，祭祀一直是承前启后，一以贯之的。为什么呢？回头再看看原始思维造神的理由，不也一样可当作人们一直奉神的理由吗？比如，如今人们对太阳、月亮的了解，至少知道太阳和月球上绝没有什么月神和日神存在吧，但是，人们还是有对日神和月神的敬畏哟。正因如此，写冬至的这篇文章，主题就扣在这上面——古意盎然的祭祀。

这原因那原因，可简约地归纳成一句：为了安神而造神，择时祭祀安心神。

祭祀还择时？对的。祭祀多有时间上的考量，特别是重大的祭祀。由此，我们来看第二个问题。

第二个问题是，中国古代最重要的祭祀为什么选在冬至？

有特点才好被认识。冬至就有特点。还有一个独特的工具可让人们找到冬至的特点。

冬至的特点是：北半球日照最短，黑夜最长，白天最短。这个特点,年年反复呈现,于是先人们先从感觉上体悟到了,随着年去年来,再到模糊认识,随着年来年去,再到相对科学地去把握。

这种模糊认识起于何人何时,当然只会是众多历史迷雾中的一团雾,终结模糊认识进而相当科学地去认识却是有大致时间的。根据《尚书·尧典》的记述,大致是传说中的尧帝时期。尧,生活于约公元前 2377 ~ 公元前 2259 年。后来的典籍,如《周礼》,对土圭有更明确的记载。土圭,便是 —— 能找出冬至特点的工具。

《周礼·地官·大司徒》:"以土圭之法测土深,正日景(影),以求地中。"又《春官·典瑞》:"土圭以致四时日月,封国则以土地。"

平地上树一根杆子,古代叫表,一般长八尺,与人的身高等长。杆子任由太阳照耀,太阳走,杆子的影子也走。杆子影子落脚的地方叫土圭(严格说来,是测量杆子影子落脚的工具叫土圭),由此可测日影(土圭测影,想来是人影测日影的合理延伸吧)。一年当中杆子的影子有两次最特别 —— 影子最长和最短。影子最长是冬至,最短是夏至。【尧时有土圭测影,只是传说,传说当然难以明确坐实。根据相关资料可知,至迟在公元前 17 世纪,掌管天地四时的官吏已使用土圭分出二分二至,确定一年为 366 天。到殷商时代(前 1600 ~ 前 1046 年)测时已达到相当高的精度,其干支纪日法一直延用到今天。】

利用土圭,可明确探知冬至。这样开了头,便好找一年四时日月,便好确定历法,便好封国建城了。

不难推测,先人用土圭时,历法的创立可以说是同步进行中的。拿夏历来说事。夏历是中国古六历之一,传说是夏代创立的历法,采用冬至之月为子月作历算一岁开始。换句话说,中国最早的历法,冬至是一年之始。过冬至,便是如今的除夕,便是过大年。所以,如今的人们常说"冬至大如年",是大有来头,大有讲头的,绝不是随便说说而已。

冬至的特点,本质上是地球围绕太阳运转一周过程中,太阳的独特方位对地球北半球造成的独特影响。换句话说,冬至时,人们借特殊机缘加深对太阳的认识。万物生长靠太阳,自然,这种认识,对历法的形成,对二十四节气的形成等,据推测,都起到了至关重要的作用。太阳崇拜,人心所向;冬至祭祀,理所当然。明清之际,两代帝王还修建了祭祀太阳神的"政府工程",这就是如今人们仍可看到的日坛。此外,在冬至这个时间点上,人也闲下来,人闲最需要精神支持娱乐调和,这也是冬至祭祀的一个很重要的因素吧。

从自然到人文,是文化发展的一种常见路径吧!冬至的特点,变成起点,于是有了历法,有了冬至的祭祀,有了冬至的习俗。演变过程中,冬至慢慢从自然迈入人文领域。也就是说,冬至既是自然的,也是人文的。当然,其他节气也有类似的进程,只不过,冬至是所有节气走上这个进程的开头。

通过一番漫溯,我们对自然冬至、人文冬至有了更深一层的认识,这般,过冬至,我们讲习俗,便会有相对透彻的视角。这里,我们列举一些冬至时的习俗供大家思索时参考:

汉朝以冬至为"冬节",官府要举行祝贺仪式称为"贺冬",例行放假。《后汉书》中有这样的记载:"冬至前后,君子安身静体,百官绝事,不听政,择吉辰而后省事。"所以这天朝廷上下大休,军队待命,边塞闭关,商旅停业,亲朋互相拜访,互赠美食,欢乐地过着"安身静体"的节日——是不是有点像现在的过年放大假?

唐、宋时期,冬至是祭天祭祖的日子,皇帝在这天要到郊外举行祭天大典,百姓在这一天要向父母尊长祭拜。现在,民间仍有一些地方在冬至这天过节庆贺。

冬至吃汤圆，在江南尤为盛行。"圆"意味着"团圆""圆满"，冬至的汤圆又叫"冬至团"。民间有"吃了汤圆大一岁"之说。冬至团可以用来祭祖，也可用于互赠亲朋。旧时上海人最讲究吃汤团。古人有诗云："家家捣米做汤圆，知是明朝冬至天。"这和夏历冬至是年头年尾有直接关联吧！

在台湾，有九层糕祭祖的传统。用糯米粉捏成鸡、鸭、龟、猪、牛、羊等，然后分层放入蒸笼，架火蒸熟，用此祭品祭祖，以示不忘祖宗。同姓同宗者，冬至或前后，相约聚于祖祠，照长幼之序，一一祭拜祖先，俗称"祭祖"。祭典之后，还会大摆宴席，招待前来祭祖的宗亲们。大家开怀畅饮，相互联络宗族亲情，称之为"食祖"。

当然，冬至吃饺子更是传统。"饺子"又名"交子"，"子"为"子时"，"饺"与"交"谐音，如此讲究，吃饺子便有"更岁交子"之意矣。多说一句，正因"更岁"，所以大年初一也有吃饺子的习俗。

此时，在河南之南地区（我的老家河南信阳），地气已动了，地上长出野生地菜（也叫荠菜），勤快的人们会到田间地头挖来，包地菜饺子。冬至时，吃上一大碗热气腾腾的地菜饺子，那可真是把冬至过成节，那可真是过了个完美的冬至哟！

初步梳理了一下冬至景象，我们不得不接着说，在历史的长河中，随着历法的变化，曾经承担诸多功能如祭祀的冬至节日，从最重要——也可说第一大节日——变得模糊了。至少不再具备"大哥大"的风采了。但是古意盎然的祭祀还在历史中，时不时在人们的回顾中鲜活起来，敬天亲地的敬畏还在人的血液中一代代流淌着。

传统照顾当下，习俗延续文化。在节气的时空下，每逢冬至吃顿饺子，对中国人来说，便是龙脉跳动，便是传承中华民族的精神。

喜欢苏东坡其人其词,冬至读《江城子·密州出猎》,得《冬至·偷猎》:

苏东坡有词《江城子·密州出猎》。现如今,俗人韩某蜗居江南一隅,不在宋朝,不在密州,也未知州,也未出猎,冬至夜长,饺子就酒,无赖无聊,借苏词聊抒己怀,断章成篇,自称偷猎。窃喜,不惧方家笑。

> 冬至如年守夜长,吊兰秀姿映寒窗。
> 九九歌起一阳生,筷子饺子点醋香。
> 酒酣胸胆尚开张,鬓已微霜又何妨。
> 诗酒只推东坡好,营营也似灰太狼[一]。

注❶　灰太狼是国产动漫剧《喜羊羊与灰太狼》中的主要角色。在传播演变中,"这样的男人是榜样",灰太狼逐渐成为当代女性的"模范情人""模范老公"的样板。

冬至如年守夜長吊蘭
秀姿映寒窗几二歌起
一陽生筷子餃子点醋
香酒酬胸胆尚开張鬢
已微霜又何妨詩酒只
惟東坡妨詩二也似太恨

丁酉三月雪晨

◤小寒◢
消寒就是盼春

> 生活中,选择乐观向上的心态、选择诗意盎然的生活,某种程度上,取决于个体浸润传统文化,特别是民间习俗的程度。
>
> 中华民族天生是乐观向上、诗意盎然的民族。在一年最寒冷的时候,保持着向往春天、向往繁荣的心理和惯例。
>
> ——作者题记

冷时,更 —— 知冷、知热。

在最寒冷的时节,人们最向往温暖最懂得春天。外冷内热或如一物之两面:一面,人们在消解着寒意;一面,人们在眺望着春天 —— 这已经成了中华民族不言而明的信念、习惯或潜意识吧。

每年,冬至一到,人们便"提冬数九"。"数九"是民间的习俗。有资料介绍说,此习俗最早见于南北朝时期梁朝宗懔所著《荆楚岁时记》。

为什么要数九呢? 不是每个节气有三候吗? 用五天一候来过冬

不就行了吗?

　　论起来,长久流传的东西,一定来自文化,一定含有文化,一定体现着文化。具体到"数九",一追问,那就不得不说——中国人的数字也是蛮有文化的。

　　在中国传统文化中,九为极数,隐含最大、最多、最长久的内涵。九个九即八十一更是"最大不过"之数。唐僧受难,过了九九八十一难,也就过完了难。过漫长的寒冬,对中国人来说,过完九九八十一日,新一轮的春天肯定到来了。

　　如果只是一天掰个指头数个数,如此数九,那么过日子还是有硬顶或苦熬的嫌疑。历史悠久的中国,自有悠久的好处。"写九"等富有传统文化的游戏让现代人觉得,古代人,过冬就是盼春。

　　"写九"是这样的:选九个字,把九个字用空心字体印在一张纸上。自然,九个字读起来是有一个完整的意义的。每个字都是九画,每画代表一天,这样,每个字就代表了一九,九个字代表了九九八十一天。所谓"写",就是拿毛笔去涂,把空心字体的一画填实。填完一个字就过了一个九,填完九个字,也就数完了九。常用的九个字是"亭前垂柳珍重待春风"("垂"字与"风"字是繁体"垂""風")。

　　哈哈哈!一看这九个字,一看这形式,就是有文化的人玩的。的确如此,此类"九九消寒图",最早可是御制的。据清吴振棫所著《养吉斋丛录》记载:"道光初年,御制'九九消寒图',用'亭前垂柳珍重待春风'九字,字皆九笔也。懋勤殿双钩成幅,题曰'管城春满'。"内直翰林诸臣,每年冬季都要填写这种"九九消寒图"。上有所好,下必甚焉。这样的雅事后来很自然地传到了民间,老百姓不是也得消寒吗?

　　有点疑问的是,"管城春满"里的"管城"是哪座城?哈哈哈!不是哪座城，而是指笔。据韩愈《毛颖传》解释：笔受封于管，号"管城子"，"管城子"乃笔之别称。九九管下，九九满了，春天也就来了，春意也就满了。是谓"管城春满"——中国文化，真是太有"城"府了。

数九"写九"，数着写着，到了小寒，人们又听到三只鸟儿传来的春讯了。

来传春讯的这三只鸟儿，分别是大雁、喜鹊和野鸡。五天为一候，节气有三候，三只鸟儿按候而来。

小寒第一候"雁北乡"，说的是，大雁回老家开始向北飞去。"乡"，不是家乡的"乡"，而是"向"，向导之义也。不过，不拘泥于字面意义，大雁向北飞是飞向"家乡"，亦极合情理。第二候"鹊始巢"，说的是，喜鹊开始构筑新巢了。到了第三候，"雉雊"，说的是，野鸡开始发声了。雉，音zhì，俗称"野鸡"。雊，音gòu，意思就是野鸡叫。

听到鸟儿传来春讯，人们盼春的心情更浓了。情之所至，于是特意专设"花信"来迎春。

天冷，可见的花儿少了，人们更加怜惜花儿。正是因为更加怜惜，于是有了"花信"这样富有诗意的中国概念。

说花的事，还得说上风。原来，在大自然中，花儿与风儿之间早有共同盼春催春的约定：一番风来，一种花开。于是，从寒冷季节开始，到整个春天降临人间，二十四番风儿、二十四种花儿，依约相伴前来，花有春讯，风传花信，如此年年，如此地老天荒。

是风吹开了花，还是花引来了风？这一问，真跟先有鸡还是先有蛋的问题一样，问一问而已，似乎谁也闹不清楚，也似乎没人真想去闹清楚。因为，在风中，在花中，人们高兴地懂得：这样催花儿的风叫花信风，这样迎风儿的花叫花信。

用节气来说，便是，自小寒至谷雨，八个节气，一百二十日，五日一候,共计二十四候,一候一花,便有二十四种花信,合称"二十四番花信"。

二十四番花信分别是:

小寒:一候梅花、二候山茶、三候水仙;

大寒:一候瑞香、二候兰花、三候山矾;

立春:一候迎春、二候樱桃、三候望春;

雨水:一候菜花、二候杏花、三候李花;

惊蛰:一候桃花、二候棣棠、三候蔷薇;

春分:一候海棠、二候梨花、三候木兰;

清明:一候桐花、二候麦花、三候柳花;

谷雨:一候牡丹、二候荼蘼、三候楝花。

花信有二十四番之多,可是花信不是主角,真正的主角是春天。再想想,春天也不是主角,在诗意的天空里,赏花的人,盼春的人,才是主角。

时值小寒,三枚花信,梅花、山茶和水仙,她们各有什么风采?看诗人的吧!

咏梅花,宋朝王安石《梅花》云:墙角数枝梅,凌寒独自开。遥知不是雪,为有暗香来。

咏山茶,元朝萨都剌《闽城岁暮》云:岭南春早不见雪,腊月街头听卖花。海国人家除夕近,满城微雨湿山茶。

咏水仙,北宋黄庭坚《王充道送水仙花五十枝》一诗,使得水仙新增一个雅号:凌波仙子。

凌波仙子生尘袜,水上轻盈步微月。

是谁招此断肠魂,种作寒花寄愁绝。

含香体素欲倾城,山矾是弟梅是兄。

坐对真成被花恼,出门一笑大江横。

有了"花信",有了"写九",小寒再冷也要消也能消,并且消解的过程便是人们盼春催春的时长。这般,中国人便把一年之中最冷的光阴过得如此有味道了!

消寒便是盼春。过小寒,追溯先人足迹和智慧,现代中国人理应更相信:有了节气,俺中国人不会把日子过错了。

消寒看梅,得《小寒·咏梅》

翠微苍苍思春暄,不在柳边在梅边。

知音三弄梅花曲,骚客心醉见花残。

花谢春临明朝事,不如怜惜花眼前。

翘首腊梅吾最爱,半缘雪花半缘寒。

翠羽微蒼思春照盡是柳邊主
梅邊知音三弄梅花聞騷客
心醉見苍残花謝者临明朝
事不如冷回惜苍眼剩翅
首腊梅吾日最爱半緣雪花
半緣寒

先智句 漢咏梅
丁酉三月皆日辰 钞

大寒

乾坤未济向新年

> 『道法自然』，从立春到大寒；『天地有大美而不言』，从乾坤到未济。脑海里有过往，肉身外是当下，体验中，我们可以如此论道——
> 是说你，是说我，更说的是我们；
> 说的是过去，说的是现在，更说的是将来；
> 是说感觉，是说岁月，更是说天地；
> 是一个点，也是一个过程，更是一个大圆；
> 是说节气，也是说历史，更是说中国。
>
> ——作者题记

  一块地上长的，花呀草呀，以及其他生物，"外貌"千差万别，但是，想一想，其内在的品质，一定有其一致之处。

  同理，在历史的时空下，在中国这块大地上，"长"出了二十四节气，"长"出了《周易》，这两种"作物"一定有"同舟共进"之谊吧。

  当然，中国这块大地上，除了"长"出节气和《易》，还有其他许多智慧"花草"，这里特别拈出这两种，是因为大寒之际，我想用六十四卦的最后一卦"未济"来"比附"二十四节气之中的最后一个节气，在"比附"中，让我们更加领悟出中国人的传统思维方式和生存智慧。

先说《周易》。

《周易》是一本古书，相传，古到周朝时，周文王演周易。书名"周易"，其含义是："周"，有周密、周遍、周流之意；也有"易乃周人所做也"之意。"易"，乃变化。《周易》里的《系辞传》说："生生之谓易。"东汉郑玄在《易论》中阐释道："易一名而含三义：简易一也；变易二也；不易三也。"用现在的话，便是："简易""变易"和"恒常不变"。

《周易》有六十四卦，按排列顺序，乾是第一卦，字本义为"上出也"，孔子释之曰健也。一字解释，乾代表"阳"、代表"天"。"飞龙在天"，乾卦乃刚健旺盛之象。坤是第二卦，字本义是"地也"，一字解释，坤代表"阴"、代表"地"。"地势坤，君子以厚德载物"。"乾以易知，坤以简能"，即乾卦通过变化来显示智慧，坤卦通过简单来显示能力。乾与坤，合在一起，便可指天指地，指阴阳指万物指社会指国家。把握乾坤，把握变化和简单，就把握了天地万物之道。某种意义上讲，"乾坤"二字便代表了周流六虚的自然，也代表了包含中国先民智慧的大道——于是，这篇文章标题镶嵌上了"乾坤"这两个字。

未济是六十四卦的最后一卦。六十四卦，未济在最后，最后就是完了，有趣的是这卦的前面一卦可真是完了——既济卦。下离上坎，坎为水，离为火，水火相交，水在火上，水势压倒火势，救火大功告成。既济卦，就是事情已经成功。但是，哲理在于，它又暗含了事情又终将发生变故。"水火既济（既济卦），盛极将衰。"于是，到了最后一卦，似乎"退"了——成了未济。如此有趣，如果你细心琢磨一下，便可察知中国先人智慧"法自然"的奥妙之处。凭此，我们再来看看二十四节气中的最后一个——大寒。

二十四节气中,有五个是围绕气温来命名的,三个表示热度:小暑、大暑、处暑,两个表示"寒"意:小寒和大寒。小寒和大寒气温PK,更多年份,小寒更"寒"、更胜一筹——联系《周易》里的既济和未济,不得不感叹:自然之道如此妙对,真是太有趣了。

每年公历1月20日前后,太阳到达黄经300°,时为"大寒"。《授时通考·天时》引《三礼义宗》说:"大寒为中者,上形于小寒,故谓之大……寒气之逆极,故谓大寒。"按我的理解,大寒之所以称"大",主要体现在两个方面:

第一,大寒是接着小寒来的。从小到大,自然之理,所以,这个节气就叫大寒。

第二,大寒之"大"在"寒气之逆极"中。请注意"逆极"两个字。这两个字,合在一起,现在不常用,不过理解起来也不太困难。一个圆,越过了最高点,再往前一些,便是逆极。暖气来了,一日强似一日了,物极必反,逆极必顺,过了大寒,便是新一年的节气轮回了。

推开书籍跳到真实的大寒之中,大寒之"大",亦合情理。大寒中的人们,一想到这是最后一个节气,自然会产生"度尽劫波"之感。此外,临近年关,人们随意展望一下,下一回合的"一元复始"就到眼前来了。春天之前来的是大寒,仅从口气上,就已够气派,论内涵,更是"高大上"(高端、大气、上档次)!

大寒有三候,分别是——

一候鸡乳;二候征鸟厉疾;三候水泽腹坚。

第一候,人们可以孵小鸡了;第二候,越饿越冷越要打拼越能打拼,鹰隼之类的征鸟,空中盘旋,或高或低,到处找吃的,以补充身体的能量。

到了第三候,冰在水中央。这是什么状态?古书说的是"水泽腹坚"。我们可以这样理解，便是冰在水中央。

冷，结冰。可是，时间快到立春，地气暖了，于是结的冰，就呈现出不同的状态。这时，水池里，最冷在中央，于是，中央之冰，最厚，最耐温暖。

气温低徊，年年岁岁寒相似，岁岁年年 —— 人的心情也相似。分析起来，这时节，民意跟着民俗走，内观，汹涌澎湃的有这样两股心潮。

第一股心中之潮是发感叹。如果感叹上了档次，就和"未济"碰面了。另一股心潮是年味渐浓。如果你在异乡，那么归家的念头便会见风而长。

寒来暑往，在轮回中，小树长了一圈，这叫植物的年轮。如果伐木，横着看，便可看到那些一圈套一圈的圆圈，内在的逻辑，自然的线条，光阴的印迹。这就是年轮。

人如树木，应该也有年轮吧？

如何看待人的年轮呢？

"吾日三省吾身"，那是圣人的自我严格要求。作为凡人，节气循环上下衔接过渡时，我们自己审察一下自己的过往，即可吧。

白云飘飘，花开花落，光阴过隙 ——

"人的一生很短暂，有的时候跟睡觉是一样的，眼睛一闭，一睁，一天过去了。眼睛一闭，不睁，这辈子就过去了。"小品《不差钱》如此演绎着。

我们笑。

我们笑明白了吗？

笑与不笑，明不明白，大寒过后，仍是立春……

现代人按小品的方式感悟岁月，可是，在《周易》中，早就有先民在大寒中占上一卦:"未济"。

　　济,字里有水,本义是过河。未济,便是河没有过完。在《周易》中,是一只小狐狸在过河,没有完全过去,尾巴还打湿了。看来,拖着湿尾巴,那是会给过河增加困难的,自然,湿尾巴也会影响心情的。卦辞原文:亨;小狐汔济,濡其尾,无攸利。

　　看来事情不妙,又怎么说成是"亨"呢?《象》曰:

> 未济亨,柔得中也。
> 小狐汔济,未出中也。
> 濡其尾,无攸利,不续终也。
> 虽不当位,刚柔应也。

　　于是,"未济"之中必有"可济"之理。何况,《象》中有言:火在水上,未济;君子以慎辨物居方。

　　随第一股心潮发完感叹,我们再来感受第二股心潮:爆竹响,心头痒,年味渐浓。

　　心头痒,最痒的是孩子。哟!小伙伴们最盼过年的哟!最知道痒的是游子。人在异乡又一年,故乡消息隐约传来,于是倍添乡愁。毛泽东有词曰:

> 堆来枕上愁何状,江海翻波浪。
> 夜长天色总难明,寂寞披衣起坐数寒星。
>
> 晓来百念都灰尽,剩有离人影。
> 一钩残月向西流,对此不抛眼泪也无由。
>
> 　　　　　　(《虞美人·枕上》)

这，大约是初恋情怀。不过，拿来形容春节前的游子，也是恰当的。

写《中国年轮：从立春到大寒》，写到最后一个节气，不禁多了一层思絮：节气系列中，节、气皆是一个个时间点，不过，在人们的头脑中，节气却是一个过程，立春是一个过程，以至于大寒，哪个节气都是。当我们认识到节气是一个过程时，我们这才算寻到"道法自然"的方便之门。在此基础上，当我们进而认识到每个节气不过是春夏秋冬四季循环中前后衔接的片段时，再往前，我们便可领悟到"天地有大美而不言"。

寂静，欢喜，领会光阴的味道，抒怀成章《大寒·未济》：

春催娇燕传花讯，夏置梧桐遮暑炎。
秋遣离人听冷雨，冬藏生意一转圜。
经天纬地君行健，踏雪寻梅迎大寒。
穷究物理仁者乐，乾坤未济向新年。

春催矫燕传花讯夏置梧桐遮暑炎秋遣高人听冷雨冬藏生意一轮圆经天纬地君行健踏雪寻梅迎大寒穷二物理仁者乐乾坤未济向新年

丁酉三月 觉岚书

后记

请站在最高处,把节运气

去爬山,爬到山顶,到了,喘口气。喘口气后,再四方打量,一打量,胸怀大开,不禁啸叫一声:嗨……写完《中国年轮》,交给出版社,我便是一看客。真交了后,某个瞬间觉得还差点什么。差什么?就差在山顶上的一声"嗨"。

这个"嗨"就是后记,就是:请站在最高处,殷勤探看中国节气。

就物候说节气。对,但中国节气不仅仅如此!
就农事说节气。对,但中国节气不仅仅如此!
从天文角度解读节气。对,但中国节气不仅仅如此!
从文学角度解读节气。对,但中国节气不仅仅如此!

那么,如何不至于"仅仅如此"呢?这便是我后记里想说的:请站在最高处,把节运气。

最核心的问题是:人们为什么要祭祀?也许有人应道,因为中国先人敬天畏地崇拜大自然。我再追问,为什么要崇拜?为什么得崇拜?

回到最初见本心。其实人类敬畏的心理基础是害怕、恐惧，是因未知因陌生而产生的不安。什么让先人大恐惧呢？那当然是天，是地，是太阳，是月亮，是头上的星辰。因为这些，就自然导致中国人要祭祀吗？未必。我个人认为，有了敬畏的心理基础，并不能直接导致。那么，是什么促使发生？是什么在演进中起到关键作用？

是政治，是政治的需要；是统治，是统治的手段。

要管人，要统领一方，甚至治理一个国家，凭什么？凭人力，凭物力？很显然，仅仅用力是不够的，还得用心，还得靠精神。历史本相，虽然难以回溯验证，但一些证据，还是能让我们大致厘清其中的奥秘。一句话最关键："国之大事，在祀与戎。"戎就是军事，就是力量，就是我们现在所说的秀肌肉。祀就是祭祀。

那么，祭祀意味着什么？最高的祭祀，或说，祭祀的根本是：上帝和下帝的对话。

什么是上帝？中国的上帝就是天，就是如今老百姓口头上说的"老天爷"。什么是下帝？下帝就是"天子"。上帝和下帝的对话，就是托付、"移交"权力和威力——这就是祭祀的本质。大家敬畏大自然敬畏上帝，也得敬畏下帝即天子。于是，通过祭祀这个形式，国家就有了君；于是，大家都得听天子的，为天子服务，受天子统治。用现代政治的话语来说，通过祭祀，解决的是政权的合法性问题。

这些，跟节气有关系吗？当然有。

最初的二至二分，便是祭祀安排。春分祭日，夏至祭地，秋分祭月，冬至祭天，"乃国之大典"。清人《帝京岁时纪胜》里有一句话很要命："士民不得擅祀。"与此相应的是，历朝历代多有明令禁止民间观测天象。看来，国之大事，最核心的，在过去漫长的历史中，其实指的是帝王家事。很显然，是祭祀的需要，中国人才发现或说"发明"了节气。换句话说，节气的起源或说初衷，主要系于政治而非气象、而非农耕。

从点到面，从天文、从农耕再到节气文化；从上到下，从远古、从人心到朝廷，再到民间，就这样，节气构成了中华民族的文化基因。且，祭祀的核心一直在，祭祀的作用一直有。正因如此，仅从某一个方面来解说节气，是"对，但又不仅仅如此"。

我们常说，节气，是中国农耕文明的智慧结晶，其实，更为根本和更指向核心的是，节气，何尝不是中国政治智慧的高度结晶呢？节气，关系中国几千年封建统治的主流意识形态；节气，关系中国几千年封建统治的核心机密。于是，"奉正朔"，便是主流；于是，"奉天承运，皇帝诏曰"便成中国最强音。

以上感悟，是我多年写作"中国年轮"节气书系列（《跟着节气小步走》《跟着太阳走一年》《中国年轮》）中慢慢形成的。算一家之言吧！

《中国年轮》编定，时值 2016 年的春季。编定之后，仍觉余意激荡，于是，在春雨绵长、春寒料峭之中，我又写下了某个瞬间的独特感悟：

偶听人言：这人交关把节。什么意思？交关，宁波方言，很的意思；把节，意思是一个人很勤快不失时令。为什么"把节"能表示人很勤快呢？把握节气的节奏、不误农时，不是勤快吗？把握事情进展的时机，不勤快，行吗？我不是宁波人，听懂了"把节"这个词，我觉得这是一个好词。为了提气，我在"把节"后面缀上"运气",这便有了"把节运气"——殷勤探看中国光阴,谦卑生活的我们,可不就得把好节运好气吗?

出一本书,容易;出一本好书,难。《中国年轮》虽然不便自夸是好书,但是,过程中我们呕了心,沥了血。为此,希望关注节气的朋友,希望眼前有《中国年轮》这本书的朋友,请站在最高处,把节运气——于个体而言,有了中国节气的中国光阴,那将是更有中国味道的。

跟书有关的,都不容易。在此,我特别感谢在写作和出版过程帮我助我的人们。一一点名点赞,似乎有些矫情,简单些,让徐飞做一回代表吧!徐飞先生是宁波出版社的编辑。编辑负责任,他为书们付出了热情和专业精神,这本书,他的付出,尤甚。多谢!

跟着节气小步走,跟着太阳走一年,中国年轮年复年。节气,和中国文化的源头在一起;节气,和中国光阴一起"丰富"起来。

把节运气,站在高处,内心谦卑。

三耳秀才

2016年3月14日晚草率成章

2016年4月21日再改

2017年6月10日定稿于五更涵

三耳秀才

本名韩光智,河南新县人。

"中国年轮"节气书系列之一《跟着太阳走一年》入选2013年国家图书馆、新浪网等单位主办的"'书香未来'——为少年儿童推荐一本好书活动"100本(套)。

《机智老爸机灵儿》入选2015年全国教师暑假阅读推荐书目。

主要著作还有:《海涵宁波》《钱是我的胆》《跟着节气小步走》《爷们放下假正经》《闲读诗书慢著文》等等。

三耳秀才自言自语:多一只耳朵去倾听,倾听——孩子成长的声音,大地律动的声音,还有自己心跳的声音。

韩以晨

杭州人氏。

1956年生于绘画世家,自小濡染,青春随时代起伏,终致放下铁饭碗,抓起软毛笔,描摹闲云野鹤,专以画画为工作、为事业。

尊崇传统,笔下多文人、僧侣、仕女,亦见花鸟和山水,画作洋溢别样的意味。

图书在版编目（CIP）数据

中国年轮：从立春到大寒 / 三耳秀才著；韩以晨书画.
—宁波：宁波出版社，2018.1
ISBN 978-7-5526-2986-6

Ⅰ.①中… Ⅱ.①三…②韩… Ⅲ.①散文集－中国－当代 Ⅳ.①I267

中国版本图书馆CIP数据核字（2017）第178277号

中国年轮：从立春到大寒

三耳秀才 著 韩以晨 书画

出版发行	宁波出版社
地　　址	宁波市甬江大道1号宁波书城8号楼6楼
邮　　编	315040
联系电话	0574-87259609
网　　址	http://www.nbcbs.com
策　　划	徐　飞
责任编辑	徐　飞
装帧设计	马　力
责任校对	虞姬颖　王　丹
责任印制	陈　钰
印　　刷	宁波白云印刷有限公司
开　　本	889毫米×1194毫米　1/24
印　　张	11
字　　数	199千
版　　次	2018年1月第1版 2018年1月第1次印刷
标准书号	ISBN 978-7-5526-2986-6
定　　价	128.00元

本书若有倒装缺页影响阅读，请与出版社联系调换，电话：0574-87248279